我国南方丘陵山区综合科学考察丛书
本图集由“国家科技基础性工作重点专项项目——我国南方丘陵山区综合科学考察”资助

我国南方丘陵山区
主要河流、水库水环境科学考察图集

张　路　王晓龙　蔡永久　赵中华 等　著

图书在版编目（CIP）数据

我国南方丘陵山区主要河流、水库水环境科学考察图集 / 张路等著．—北京：气象出版社，2020.11

ISBN 978-7-5029-7315-5

Ⅰ．①我… Ⅱ．①张… Ⅲ．①丘陵地—水环境—科学考察—中国—图集 Ⅳ．① X143-64

中国版本图书馆 CIP 数据核字（2020）第 220178 号

我国南方丘陵山区主要河流、水库水环境科学考察图集

WOGUO NANFANG QIULING SHANQU ZHUYAO HELIU SHUIKU SHUIHUANJING KEXUE KAOCHA TUJI

张 路 王晓龙 蔡永久 赵中华 等 著

出版发行：气象出版社

地　　址：北京市海淀区中关村南大街 46 号　　邮　　编：100081

电　　话：010-68407112（总编室）　010-68408042（发行部）

网　　址：http://www.qxcbs.com　　E-mail：qxcbs@cma.gov.cn

责任编辑：蔺学东　　终　　审：吴晓鹏

责任校对：张硕杰　　责任技编：赵相宁

封面设计：地大彩印设计中心

印　　刷：北京地大彩印有限公司

开　　本：889 mm × 1194 mm　1/16　　印　　张：6.75

字　　数：210 千字

版　　次：2020 年 11 月第 1 版　　印　　次：2020 年 11 月第 1 次印刷

定　　价：80.00 元

《我国南方丘陵山区主要河流、水库水环境科学考察图集》

编 委 会

主　　编： 张　路　王晓龙　蔡永久　赵中华

参编人员：（按姓氏笔画排序）

丁胜荣　王　凯　王兆德　叶文君　叶晨昊　申秋实

刘　度　刘伟婷　江成东　许秀丽　孙占东　杜应旸

李　敏　吴召仕　何宏伟　张忠良　张依懋　邵　敏

姜星宇　姚晓龙　钱子俊　徐力刚　唐陈杰　龚雄虎

常龙飞　董　磊　游海林

水环境是指自然界中水的形成、分布和转化所处空间的环境，是水体影响人类活动的因素及人类活动影响水体因素的总和。通常包括河、湖、海、地下水等自然环境，以及水库、运河、渠系等人工环境。水环境中包括的基本化学成分和含量，反映了它在不同自然环境循环过程中的物理化学性质，也是研究水环境中元素迁移转化和环境质量（或污染程度）与水质评价的基本依据。水环境是构成环境的基本要素之一，是人类社会赖以生存和发展的重要场所，同时也是受人类干扰和破坏最严重的领域。水环境的主要问题包括水污染、咸化、酸化、富营养化等，而其中水污染和富营养化问题已成为当今世界主要的环境问题之一。

氮、磷等营养元素随径流从点源或面源进入水体，导致受纳水体富营养化，造成水质恶化，这一问题早在二十世纪中期就已经被生态学者认识到。由于农田高强度、高频度的干扰，使大量的营养元素和泥沙进入溪流，如果输入量超过溪流生态系统缓冲阈值，则造成溪流养分的输出，由此导致高级河流及湖泊的富营养化。地表径流中的养分导致水体富营养化快慢的程度与土壤中养分的形态和数量密切相关，而长期的土地利用方式不同会导致土壤表层养分含量与形态的显著差异。

我国南方丘陵山区河流与湖泊是区域生态系统的重要组成部分，水环境安全对该地区生态系统稳定与生态系统功能维持具有重要意义。受区域人口快速增长、城市发展占用耕地等因素影响，人—地关系日趋紧张，丘陵山区农业开发成为补偿耕地占用损失的重要手段；地方政府出台的经济激励政策导致丘陵山区开发力度不断加大，并引发水源涵养能力下降，氮、磷流失量进一步增加。矿床资源的开发又加剧了该区域水土流失，并导致重金属污染等问题进一步凸显。

在当前人为干扰加剧情况下，开展该地区水资源与水环境调查，掌握主要河流与湖泊水体水资源量与水环境现状及其动态变化趋势，对该地区的可持续发展与区域社会经济长期战略规划具有显著的意义。尤其是在近年社会经济快速发展的背景下，水环境状况发生了十分重大的改变，对整个南方丘陵山区水环境的基础数据积累仍显得非常薄弱，尤其是缺乏完整、系统和大范围的调查。

2012年，国家重点科技基础性工作专项项目——我国南方丘陵山区综合科学考察（2012FY111800）立项，项目面向南方丘陵山区区域发展和科学研究对掌握自然生态环境现时状况及其变化趋势规律的迫切需求，采用统一的、科学的、标准的综合科学考察方法和技术规范，系统地查清长江以南、南岭以北包括武陵山、幕府—罗霄山、武夷山以及南岭4个山脉覆盖的广阔南方丘陵山区，包括五个主要省份（湖南、江西、安徽、浙江、福建），历时五年的调查结果，内容涵盖区域生态系统结构、格局及服务功能，土壤基础肥力和土壤微生物资源与多样性，主要水系、水库的水资源基本状况和水环境，生物资源多样性，土地资源利用的主要限制因子及程度、土地资源适宜类型和质量等级、后备耕地资源状况，以及资源开发利用对生态环境的影响等；建立了南方丘陵山区完整的自然资源和生态环境现势数据库，制备了生态系统结构、格局及服务功能、土壤资源、水资源、生物资源、土地资源及资源开发利用对生态环境影响等系列专题图件，评估该区自然资源及生态环境利用保护的现状及变化趋势规律，形成相应的综合考察及评估报告，为南方丘陵山区自然资源可持续利用、生态环境保护及社会经济可持续发展提供科学数据支持。

我国南方丘陵山区河流、湖泊及水库是区域生态系统的重要组成部分，水环境安全对该地区生态系统稳定与生态系统功能维持具有重要意义，在当前人为干扰加剧情况下，开展该地区水资源与水环境调查，掌握主要河流与湖泊水体水资源量与水环境现状及其动态变化趋势，对该地区的可持续发展与区域社会经济长期战略规划十分必要。

本图集是在统一的方法和规范指导下，对南方丘陵山区河流水库的水环境进行系统的综合调查，主要包括河流和典型水库的水质、沉积物及底栖生物的调查结果，获得的数据和结果十分宝贵。图集资料注重系统性、综合性和实用性，可为该区域内水环境的历史变化、区域差异、环境现状等提供十分重要的第一手调查结果，也可为该区域水环境及水污染治理和修复提供参考。

本图集共分 3 章。其中，张路负责水环境调查的方案制定、分析规范和数据整编；王晓龙负责水环境中重金属污染调查部分；蔡永久负责底栖生物调查部分；赵中华负责水环境中水化学调查部分。感谢参与本项目及本图集出版工作的二十多位同事和学生，本图集中涉及的大部分水环境样品分析由中国科学院南京地理与湖泊研究所及湖泊与环境国家重点实验室完成，在此一并表示感谢。

受野外调查条件困难及作者水平限制，本图集中难免存在疏漏和错误，恳请专家和读者不吝指教，并请能函告或当面给出批评和建议，以便进一步修订和改进。

作 者

2020 年 10 月

前言

1 绪论

1.1 研究区域

我国南方丘陵山区系秦岭、淮河以南的广大热带、亚热带地区。该地区以丘陵山地为主要地貌特征，东至东部海域，北抵秦岭—淮河一线、西至南襄盆地—大巴山—云贵高原东缘一线，南达海南岛和雷州半岛为主的热带区域北缘。在行政区域上大致包括安徽省、江苏省、江西省、浙江省、湖南省、福建省，广东省、广西壮族自治区的部分或全部。该地区是我国最为低矮的大面积连片山区，主要包括江南丘陵、两广丘陵、浙闽丘陵、桂西岩溶山区、南岭山区、湘西山区、大别山区。这一地区海拔多在 200～600 m，丘陵多呈东北—

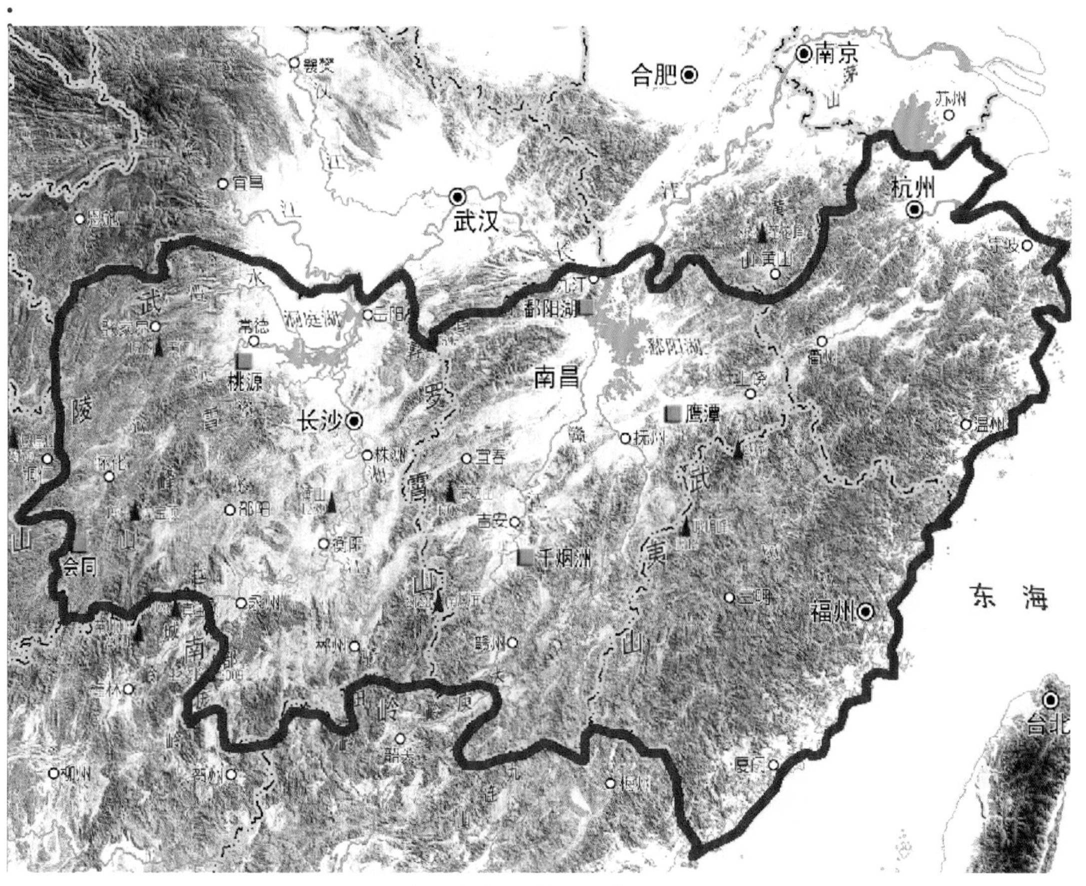

我国南方丘陵山区位置图

西南走向，丘陵与低山之间常见有河谷盆地，地表结构复杂，宜林地区面积广大，宜农耕地区相对较少，有利于农林业经营方式的多元化发展。

南方丘陵山区属南亚热带季风气候，南部局部属于热带季风气候区；夏季高温多雨，冬季低温少雨。日照时数在 1400～2300 h，大部分地区为 1700～2000 h。年平均气温为 14～22℃，作物生长期长，耕地一年两熟或三熟。全区年均降水量在 1000～2000 mm。此外南岭以北地区容易受寒潮或倒春寒影响，而广东、福建、浙江沿海地区容易受夏秋季节台风灾害的影响。该地区是我国红壤主要分布区，因母质及水热条件的差异，地带性土壤主要有红壤、暗红壤及黄红壤等。

受山地丘陵地形的影响，南方低山丘陵山区水系发达、河流众多，形成了以鄱阳湖流域赣江、饶河、信江、抚河、修水和洞庭湖流域澧水、湘江、沅江、资水为代表的长江水系，以钱塘江、九龙江、闽江、瓯江为代表的闽浙台水系，以及以西江、北江和东江为主构成的珠江水系，水资源以及水力资源极其丰富。此外，南方丘陵山区也是我国水库分布最为集中的区域之一。全区建有各类型水库 4 万余座，其中大型水库共 173 座，占全国总数的 31%，库容占比为 25%。这些水库多建于 20 世纪 60—70 年代，在防洪抗旱、航运、发电、工农业用水以及饮用水供给等方面发挥着重要作用，有力促进了这一地区的社会经济发展。

南方丘陵山区矿产资源丰富，特别是有色金属资源丰富，许多矿产资源储量居世界或中国首位。中国最大铜矿江西德兴铜矿、中国最大的有色金属矿区湖南郴州柿竹园钨锡铋钼矿区、中国的第二大锰矿湖南省湘西花垣锰矿以及“世界锑都”湖南娄底市冷水江锑矿等均分布在此地区。由于工农业的快速发展，近 20 年来，我国南方丘陵山区主要河流如赣江、湘江、九龙江等典型监测断面水质普遍下降 1～2 个等级，湘江、乐安江与闽江等水系水体重金属等污染风险趋势明显；此外，流域上游污染负荷增加以及周边人类活动影响上升也导致这一地区主要水库如欧阳海水库、白云山水库、凤滩水库、东张水库与皎口水库等水体生态环境功能显著下降。

1.2 调查区域及方法

本图集中调查区域与对象主要为我国南方丘陵山区核心区域（位于长江以南、南岭以北，包括湖南、江西、福建、浙江和皖南丘陵山区），以流域面积大于 500 km^2 的河流和水面面积大于 10 km^2 的典型水库为主要调查对象。其中河流主要包括江西省赣江、抚河、修水、信江与饶河，福建省闽江与九龙江，湖南省湘江、资水、沅江与澧水，浙江省钱塘江与瓯江，以及安徽省青弋江。调查水库具体包括湖南省凤滩水库、黄石水库、柘溪水库、欧阳海水库、白渔潭水库、水府庙水库，江西省柘林水库、江口水库、洪门水库、白云山水库、陡水水库，浙江省新安江水库、富春江水库、紧水滩水库、横锦水库、皎口水库、长潭水库、横山水库，福建省古田水库、山美水库、东圳水库与东张水库，以及安徽省陈村水库等重点水库。

调查方法以实地断面调查为主，其中，水文调查主要通过丰水期与枯水期各河流典型断面现场调查与观测，分析年地表径流量与季节变化特征，结合历史水文观测数据，来揭示年际水资源量变化趋势；水环境调查则通过遥感影像解译，明确重点调查河流水系分布格局，制定调查断面与点位，2012—2015 年按丰水、枯水季节各采样一次，依据水环境调查规程确定采样点数和采样层次，现场分层采集河流与水库水样，分析指标包括水温、透明度、pH、溶解氧、电导率、色度、矿化度、悬浮物、氯离子、硫酸盐、碱度、总硬度、总溶解态有机碳、总磷、总氮、硝酸盐氮、亚硝酸盐氮、氨氮、磷酸盐、高锰酸盐指数、叶绿素a及溶解态重金属等主要水质指标。表层沉积物分析pH、有机质、总磷、总氮及重金属等指标。底栖动物调查通过现场采样、清洗、分拣、固定以及镜检等方法，调查底栖动物种类、数量与生物量。

1.3 图集制作方法及规范

本图集中数据来源于国家重点科技基础性工作专项——我国南方丘陵山区综合科学考察（2012FY111800）课题 3：我国南方丘陵山区水资源基本情况与水环境调查与考察（2012FY111800-3）汇交数据，包括：2012—2015 年南方丘陵山区主要河流水质数据库和 2012—2015 年南方丘陵山区主要水库水质数据库。数据指标分析方法及质量控制和质量保证参照《富营养化湖泊调查规范》（第二版）以及《水和废水监测分析方法》（第四版）进行。数据处理、统计分析以及图表绘制主要由 Origin 8.5、SPSS 16.0、R 语言以及 ArcGIS 10.3 等软件完成。此图集仅为 2012—2015 年南方丘陵山区主要河流及水库水环境调查基础初步统计分析结果，有待进一步完善和分析。

2 专题图集

2.1 我国南方丘陵山区主要河流水环境专题图集

2.1.1 2012—2015 年我国南方丘陵山区主要河流水质

河流丰水期上游 pH 最高值于澧水检出，悬浮物最高值分别于修水和湘江检出；中游水体饶河 pH 最低，修水最高；下游瓯江电导率最低，饶河最高。

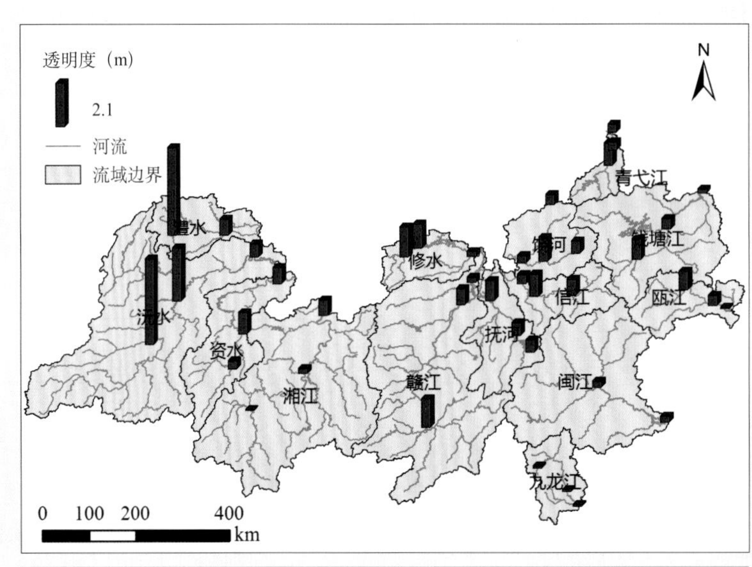

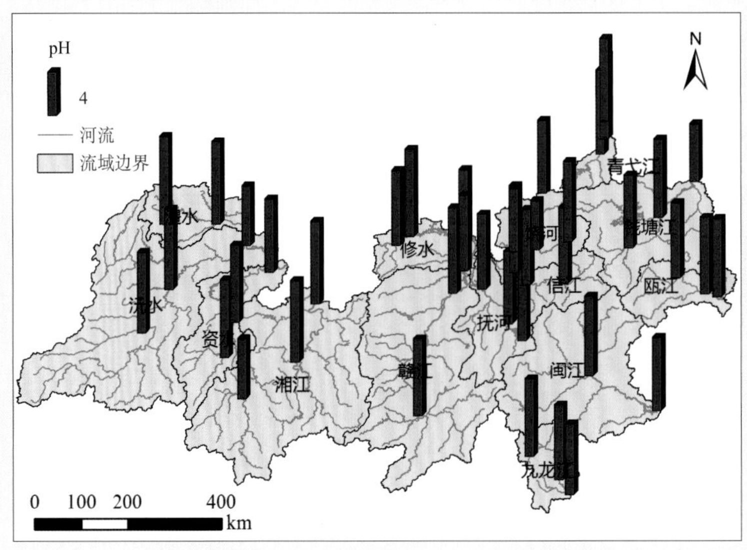

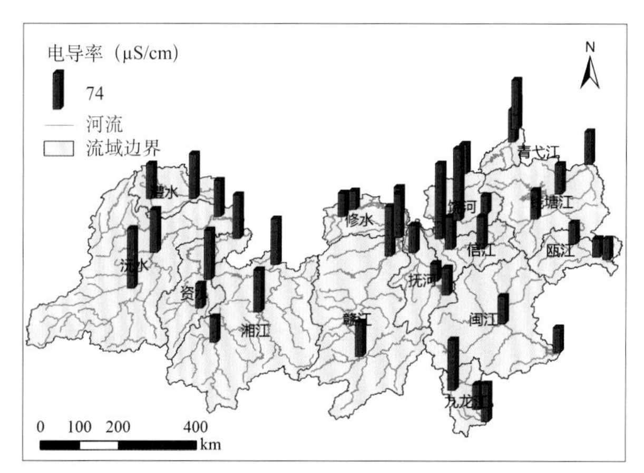

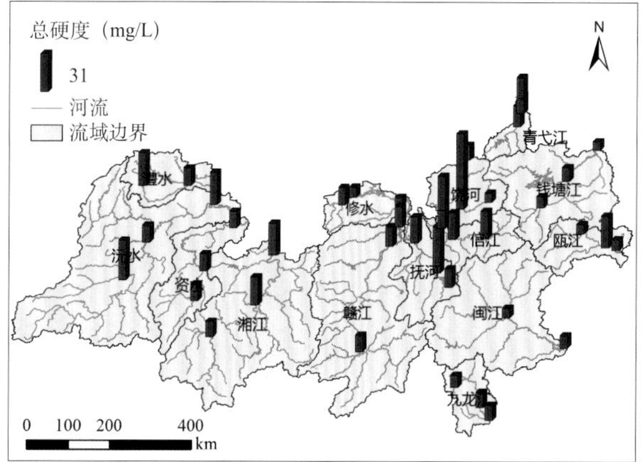

河流枯水期水体上游 pH 值闽江最高，水体悬浮物显著低于丰水期；中游水体 pH 最高值和最低值分别于钱塘江和闽江水体检出；下游水体抚河电导率最低，九龙江最高。

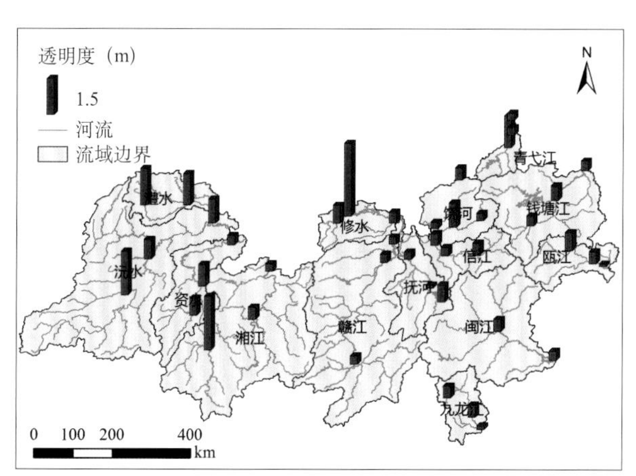

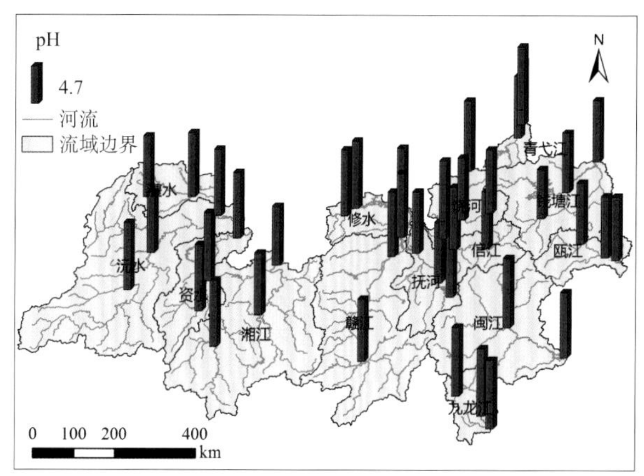

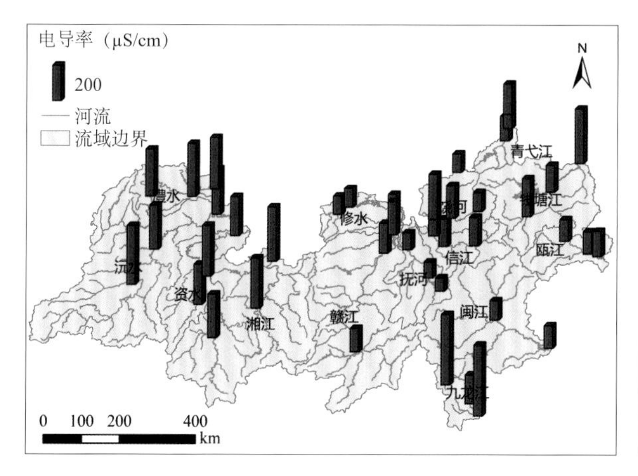

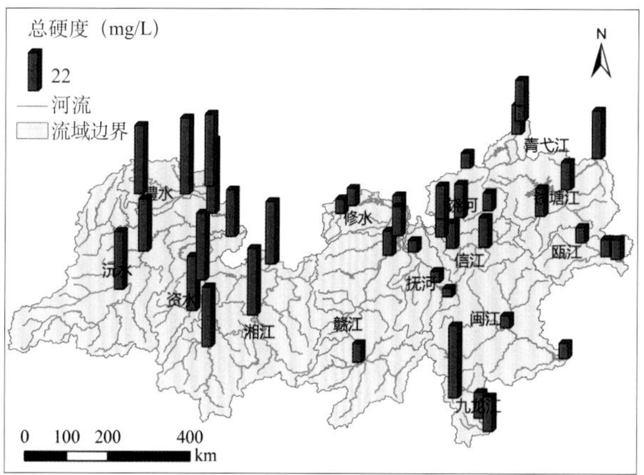

河流上游、中游以及下游河段水质呈现季节差异，其中pH、电导率均表现为枯水期高于丰水期，透明度、悬浮物则整体表现为丰水期高于枯水期。

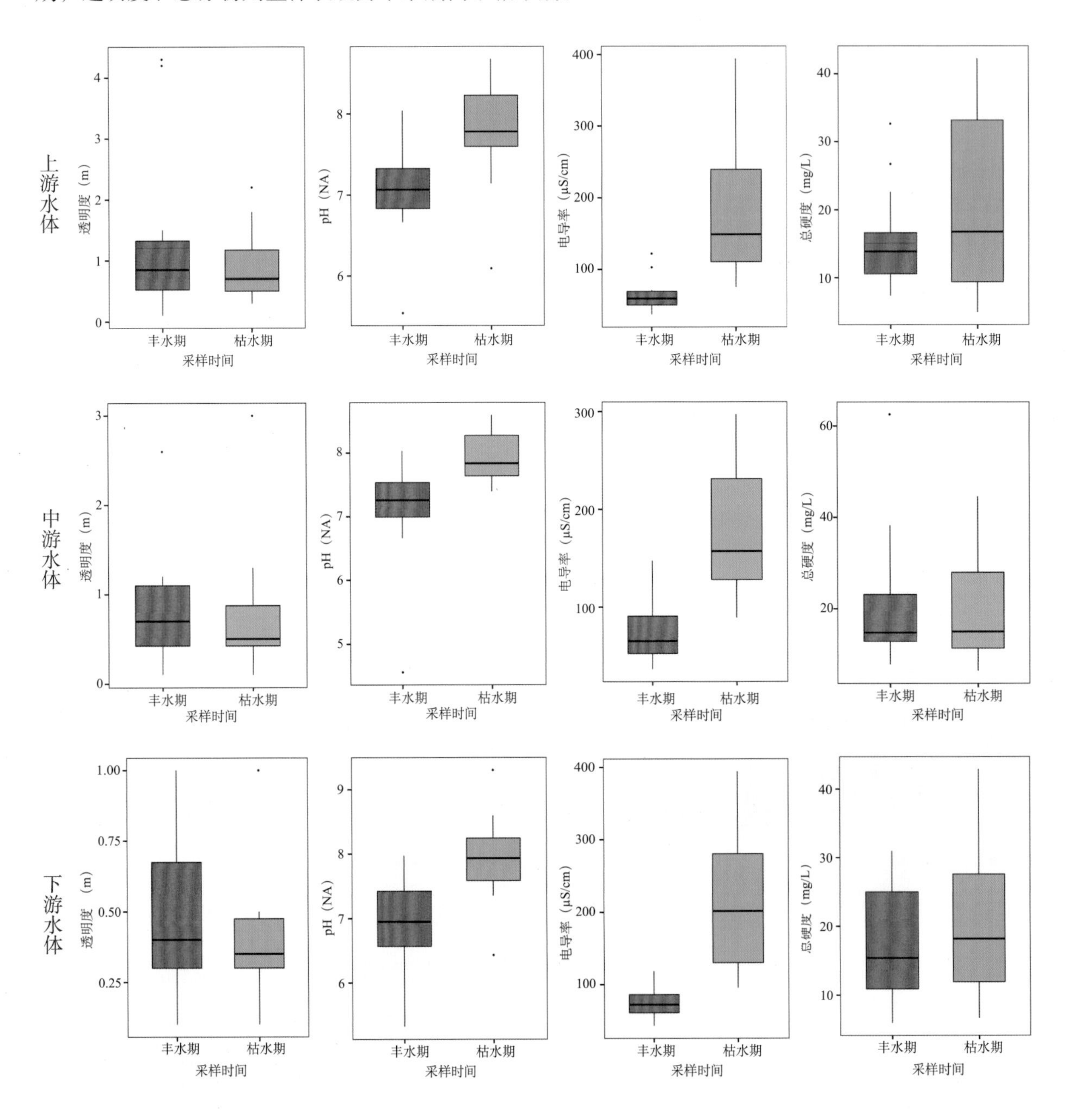

河流水体常规理化指标呈现出空间分布差异，丰水期和枯水期水体透明度呈现为上游向下游降低的趋势，电导率呈现上游向下游逐渐增加的趋势。

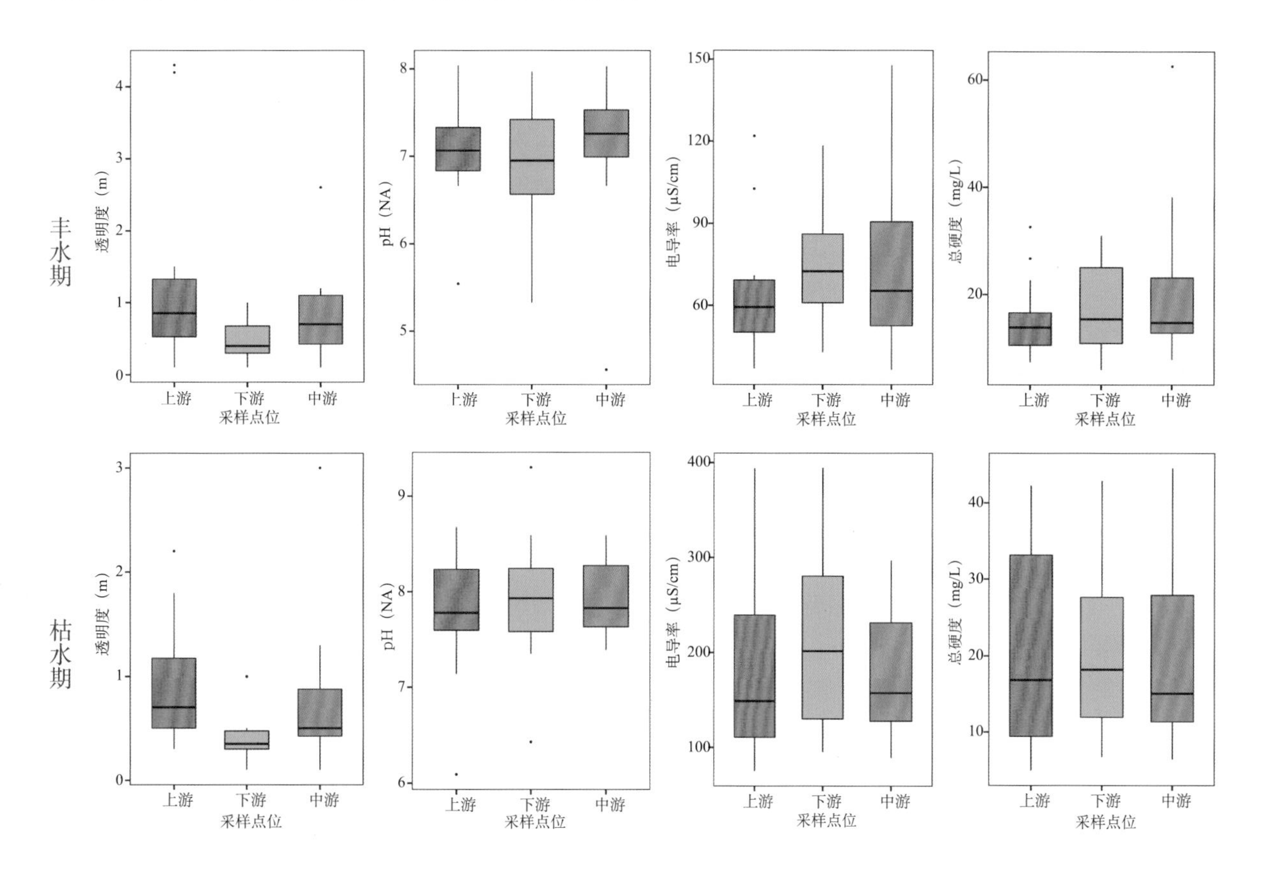

我国南方丘陵山区河流丰水期水体总氮含量以闽江和瓯江较高，江西省内饶河、修水、抚河总氮污染水平较低；总磷同样以闽江和瓯江污染较为严重，安徽省青弋江水体总磷含量最低；高锰酸盐指数不同河流检出含量差别较大，不同河段空间分布差异也较总氮、总磷显著。

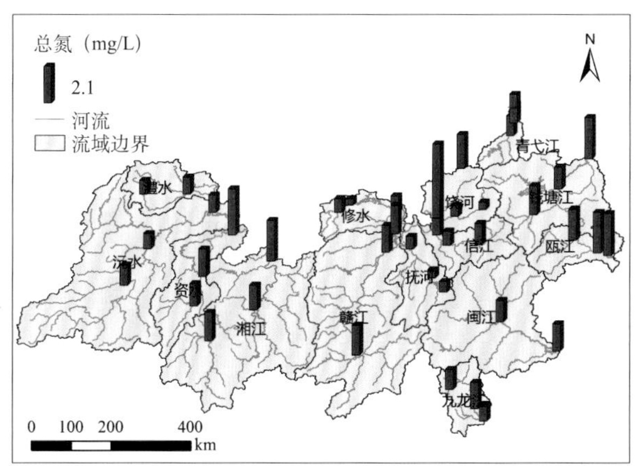

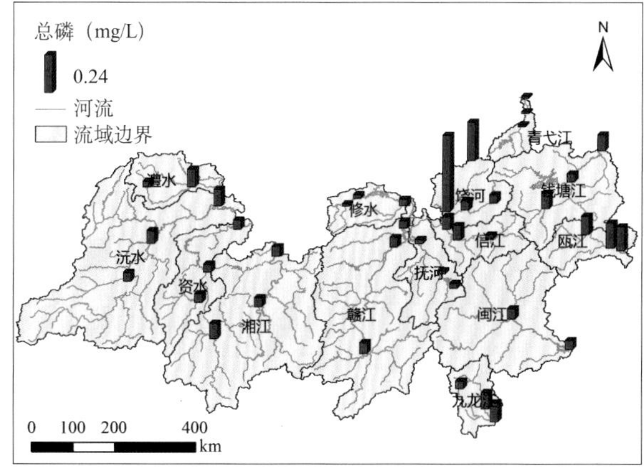

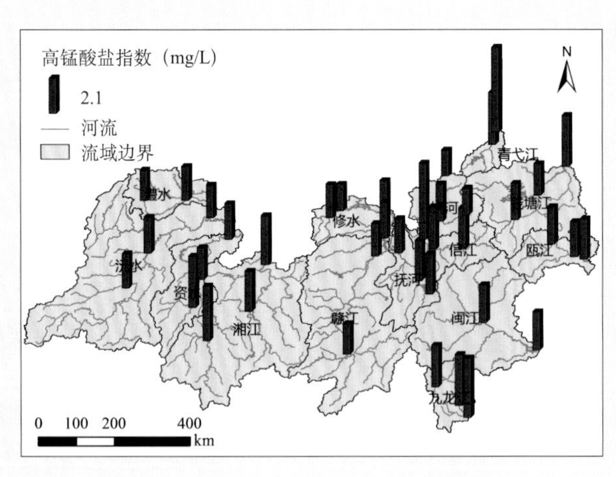

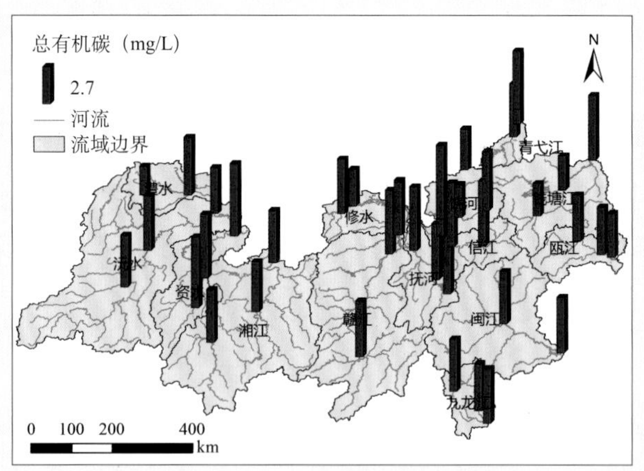

我国南方丘陵山区河流枯水期水体总氮含量以九龙江和青弋江较高，江西省内修水水体总氮含量最低；总磷以青弋江污染较为严重，沅江、澧水水体总磷污染最轻；高锰酸盐指数以青弋江污染最为严重。

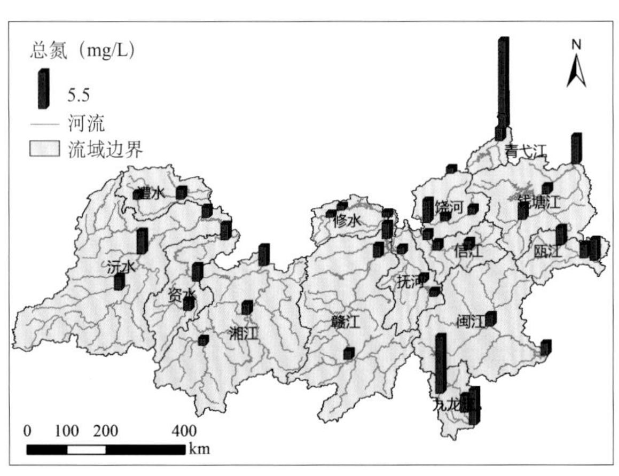

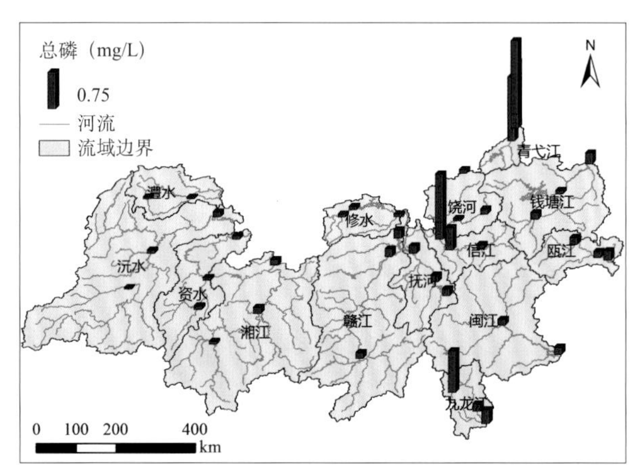

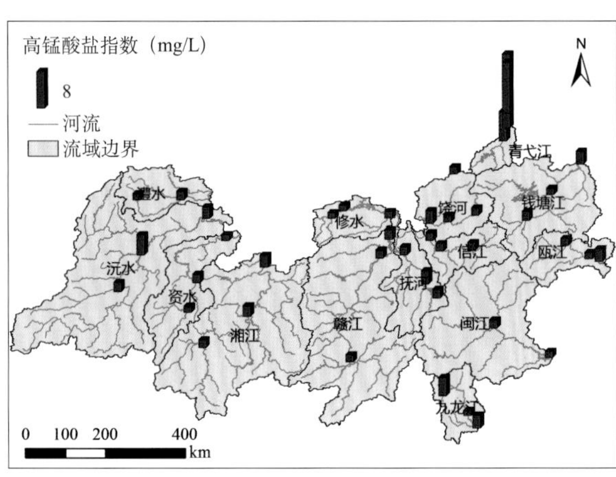

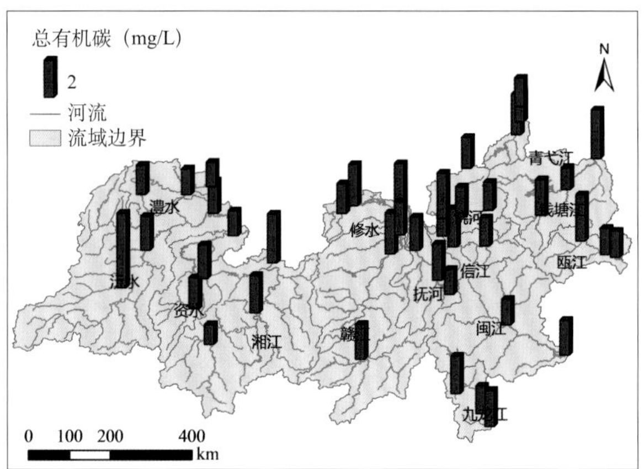

我国南方丘陵山区典型河流丰水期水体总氮、总磷、氨氮以及高锰酸盐指数含量水系空间分布普遍表现为浙闽水系＞洞庭湖水系＞鄱阳湖水系，不同河段丰枯期水系空间分布特征一致，即浙闽水系污染负荷最高。

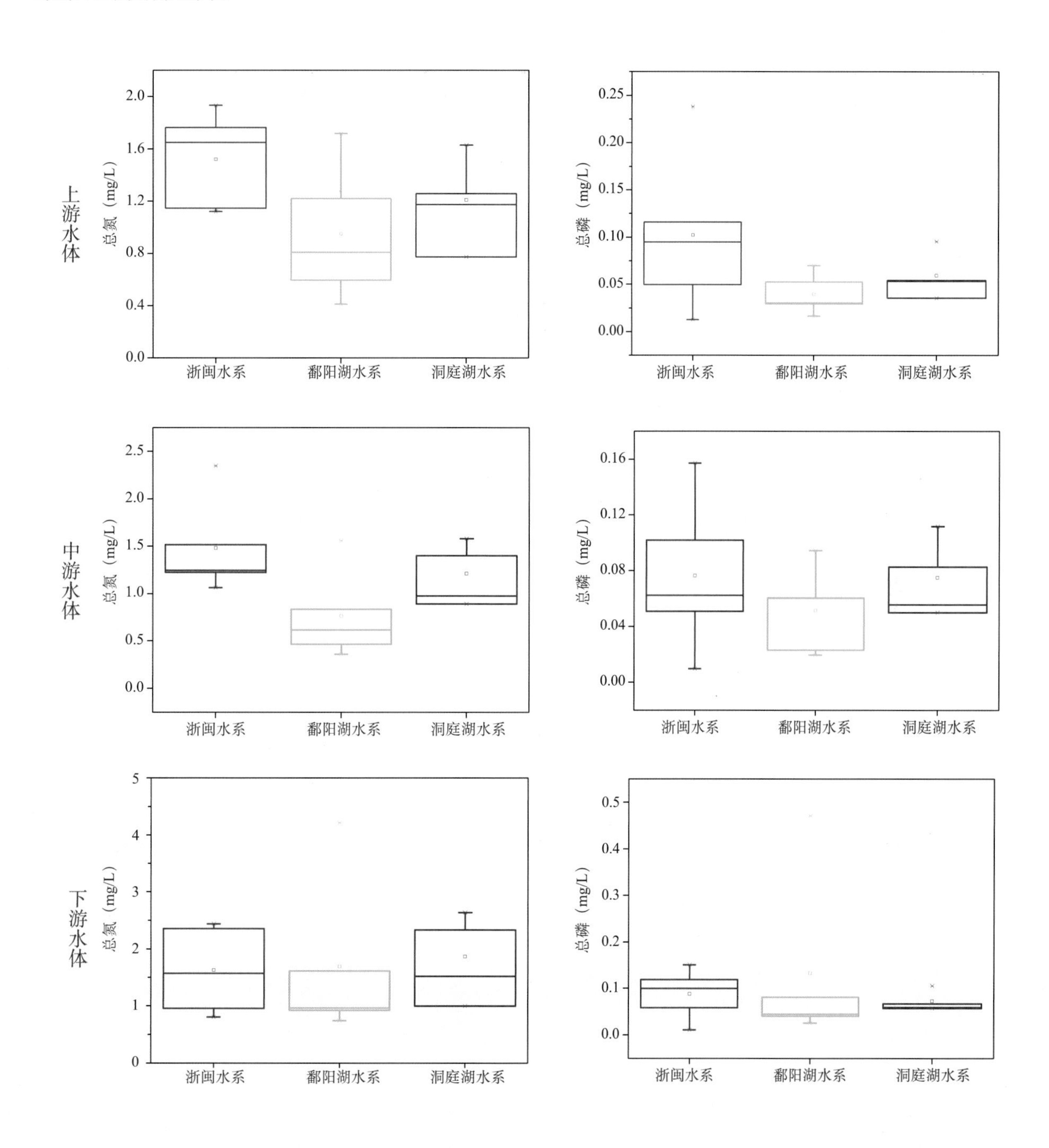

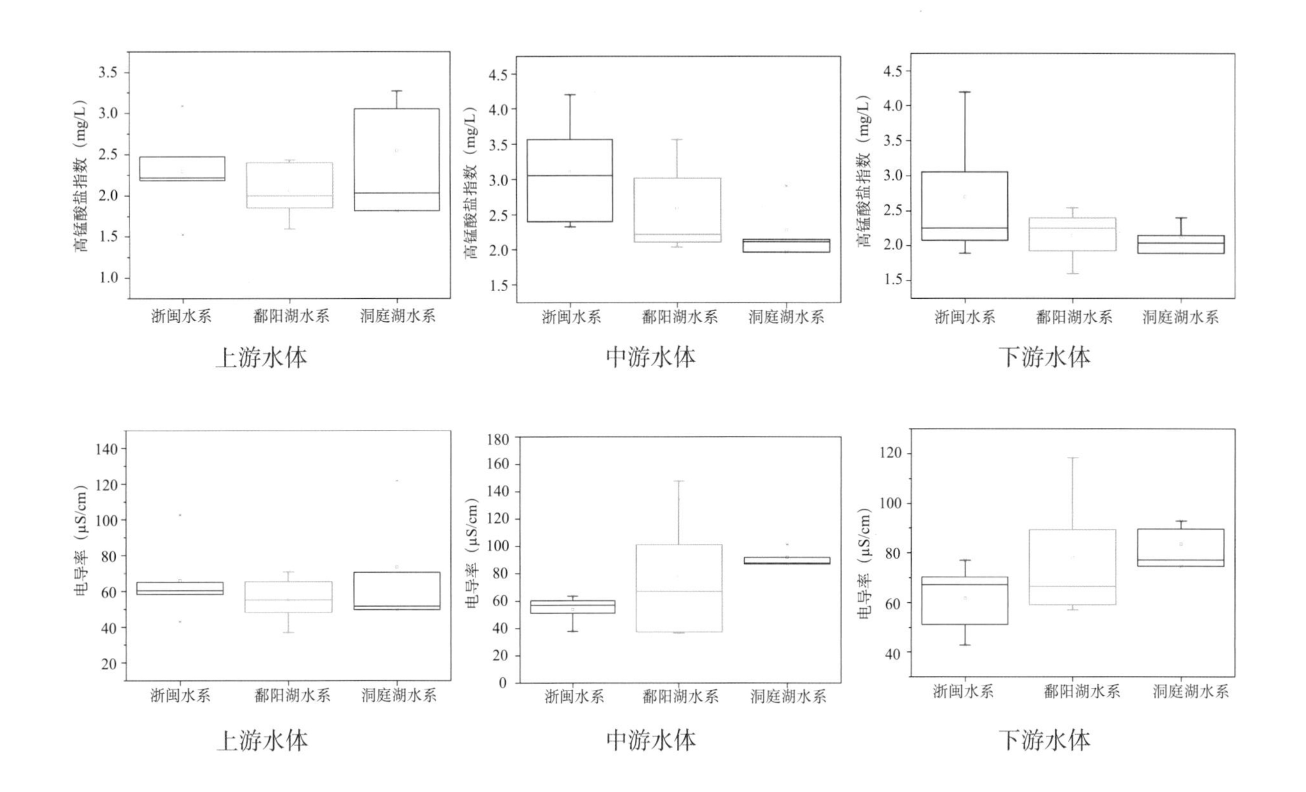

我国南方丘陵山区河流丰水期水体水质依据《地表水环境质量标准》（GB 3838—2002）评价显示，浙江省瓯江和钱塘江为V类～劣V类水质，下游水质明显差于上游和中游。福建省内九龙江下游满足III类水水质标准，其余调查河段则为IV类～V类水质。安徽省青弋江下游水体符合III类水水质标准，上游和中游则均为IV类。江西省内河流水体水质状况较好，其中修水、抚河、饶河上游、饶河中游和信江下游满足地表水II～III类水水质标准，赣江污染较为严重，全程为V类水体，总氮是其主要的污染物。湖南省内沅江中游、沅江下游、澧水均为III类水，湘江和资水水质较差，为IV～劣V类水体。

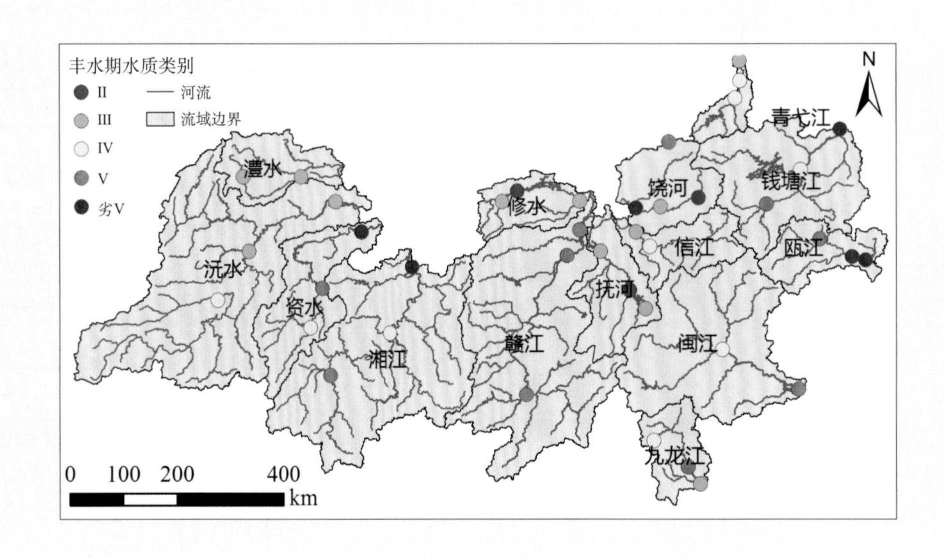

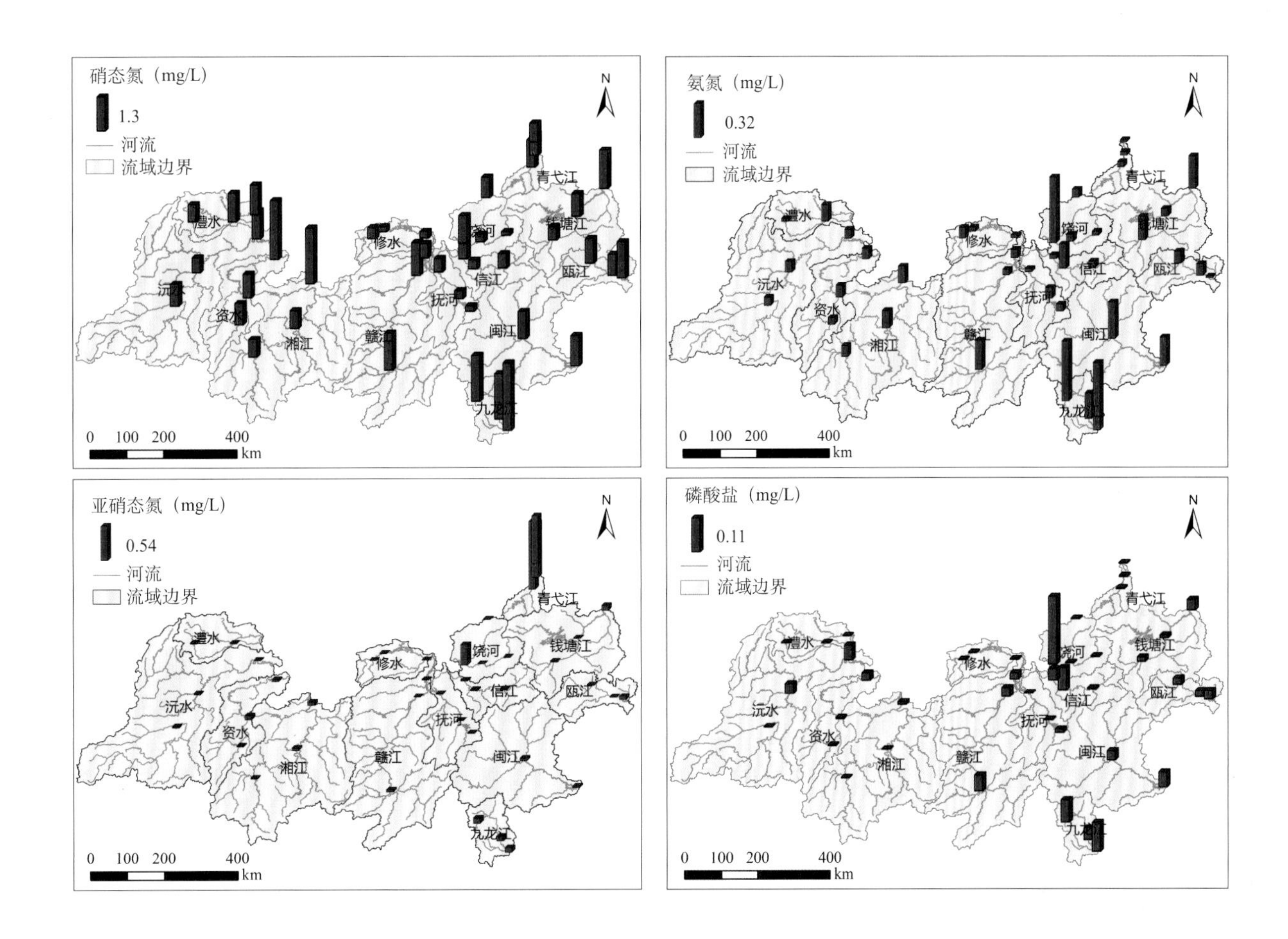

我国南方丘陵山区典型河流枯水期水体主要理化参数水系空间差异较小，总氮、总磷、氨氮含量同样以浙闽水系最高，高锰酸盐指数以洞庭湖水系最高，与丰水期结果对比表明，浙闽水系污染负荷最高。

上游水体

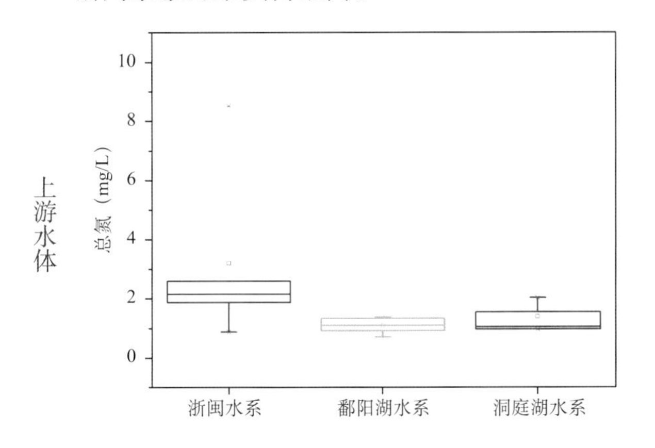

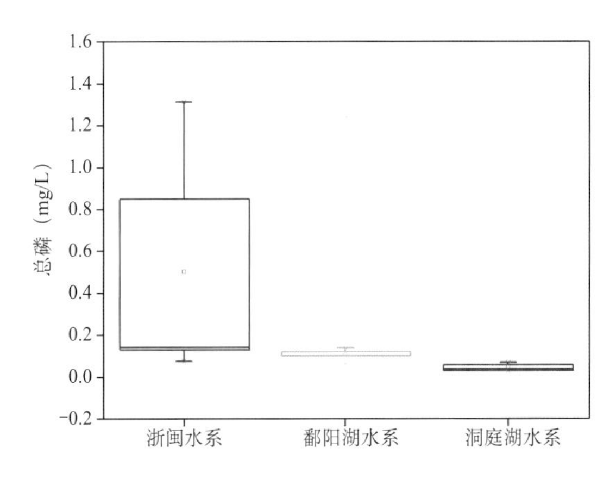

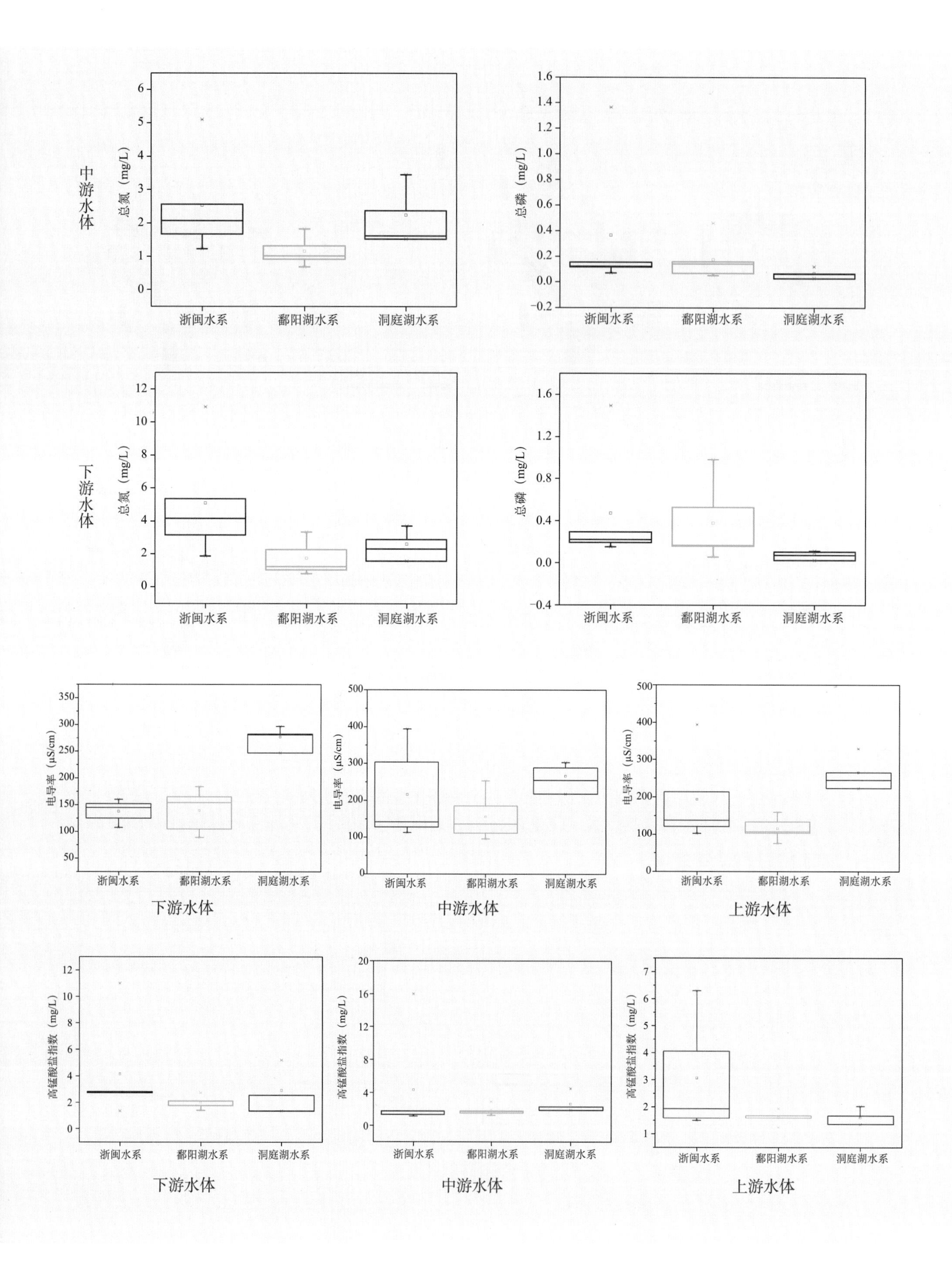
中游水体
总氮（mg/L）
总磷（mg/L）
浙闽水系
鄱阳湖水系
洞庭湖水系
下游水体
总氮（mg/L）
总磷（mg/L）
电导率（μS/cm）
下游水体
中游水体
上游水体
高锰酸盐指数（mg/L）
下游水体
中游水体
上游水体

我国南方丘陵山区枯水期河流水质较丰水期呈现下降趋势，浙江省内瓯江和钱塘江上游、钱塘江下游水体均为劣 V 类。九龙江水体总氮、总磷和氨氮是主要的超标污染物，全程为劣 V 类。青弋江水质下降明显，总氮、总磷和高锰酸盐指数污染严重，均为劣 V 类。修水水质仍全程维持在 III 类水质标准，抚河和信江中游和下游水质呈现下降趋势，为 IV ～劣 V 类，饶河和赣江下游水质下降明显，降为劣 V 类。湖南资水和澧水枯水期水质下降明显，其中资水全程为劣 V 类，澧水呈现从上游至下游逐渐下降的趋势，下游水质为劣 V 类。

丰、枯期水质评价结果表明，福建、浙江省内河流污染状况较为严重，上游水质略好于中游及下游水体，这种趋势在枯水期表现较为明显，而丰水期由于水量较大，污染物的水流迁移及混合作用剧烈，导致河流丰水期水体上、中、下游污染程度变化趋势不显著。

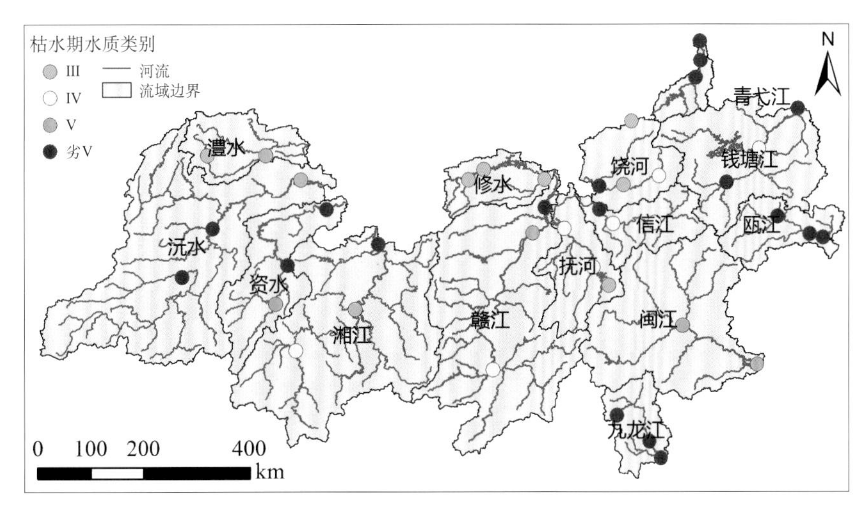

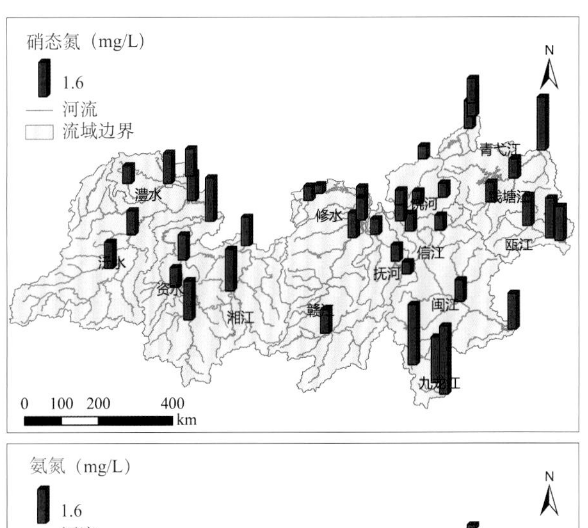

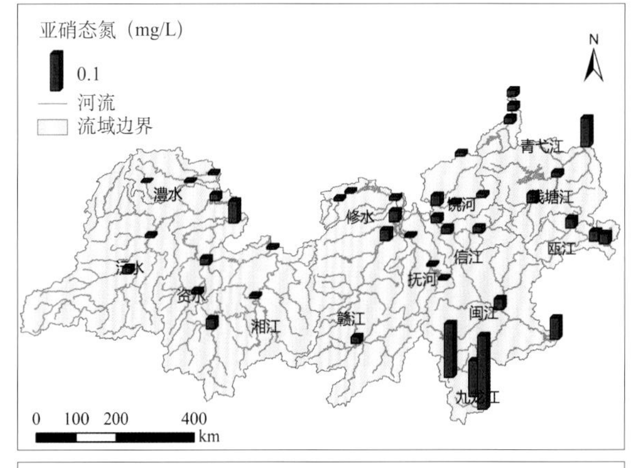

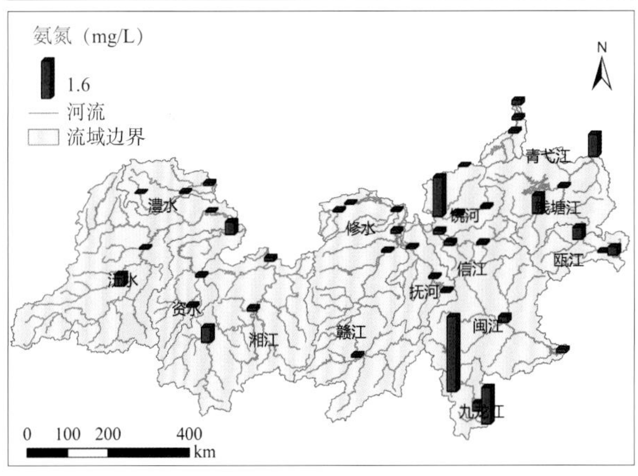

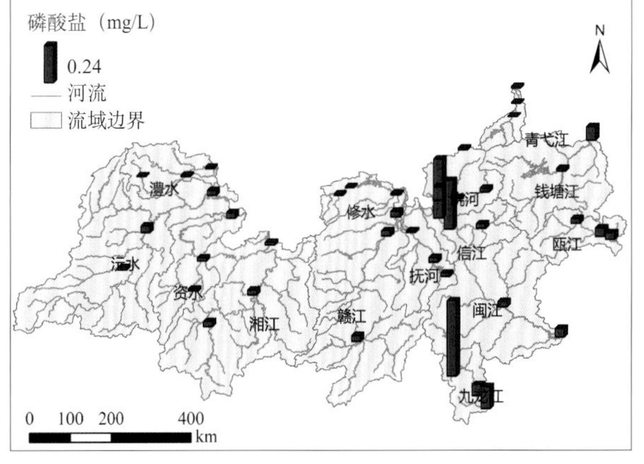

我国南方丘陵山区河流上游河段水体不同理化指标表现出明显的季节差异，其中总磷、总氮、硝态氮、亚硝态氮、氨氮和磷酸盐均表现为枯水期高于丰水期，高锰酸盐指数和总有机碳则整体表现为丰水期高于枯水期。

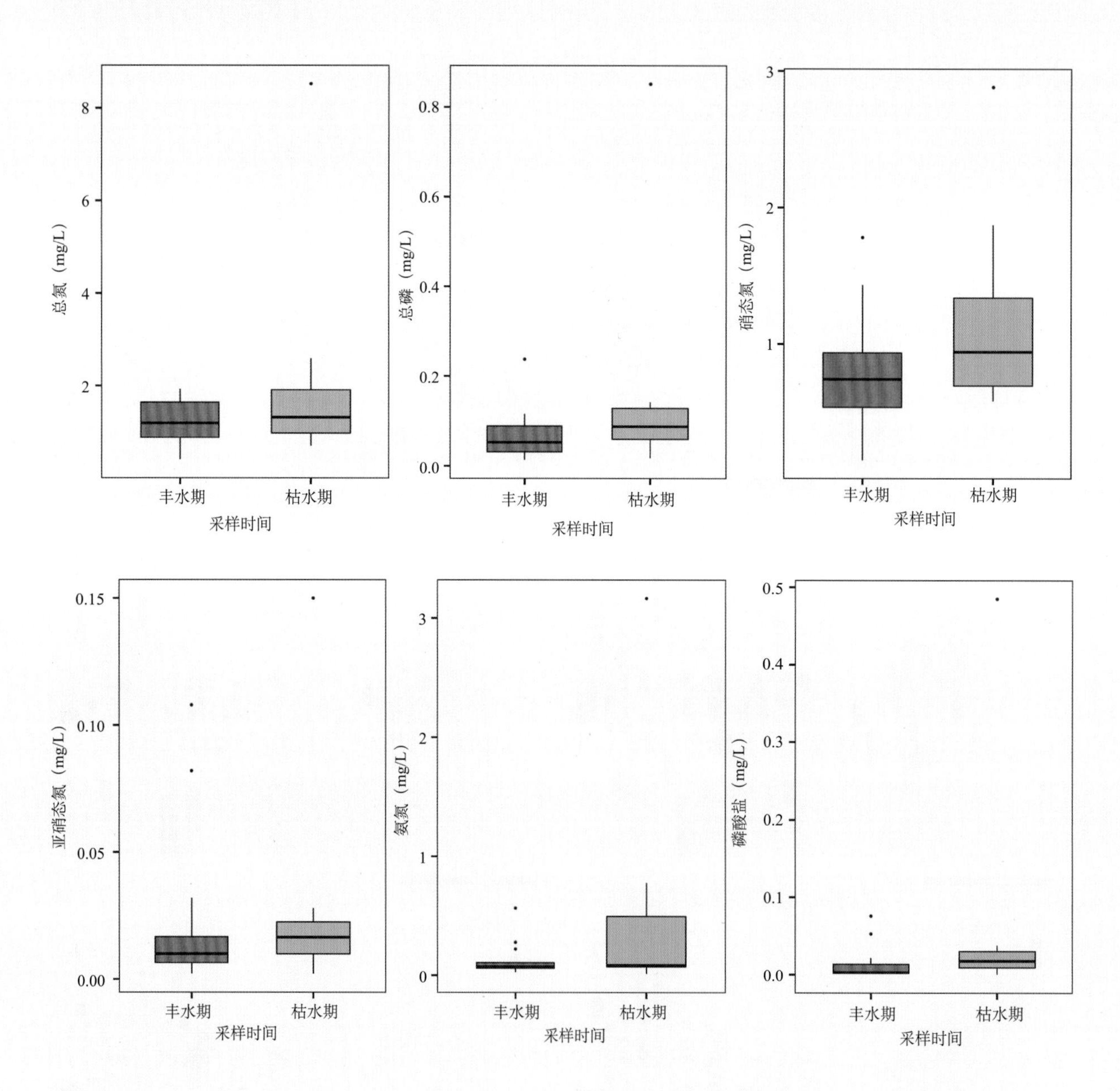

我国南方丘陵山区河流中游河段水体不同理化指标表现出明显的季节差异，与上游河段特征相似，总磷、总氮、硝态氮、亚硝态氮、磷酸盐均表现为枯水期高于丰水期，氨氮、高锰酸盐指数以及总有机碳则整体表现为丰水期高于枯水期。

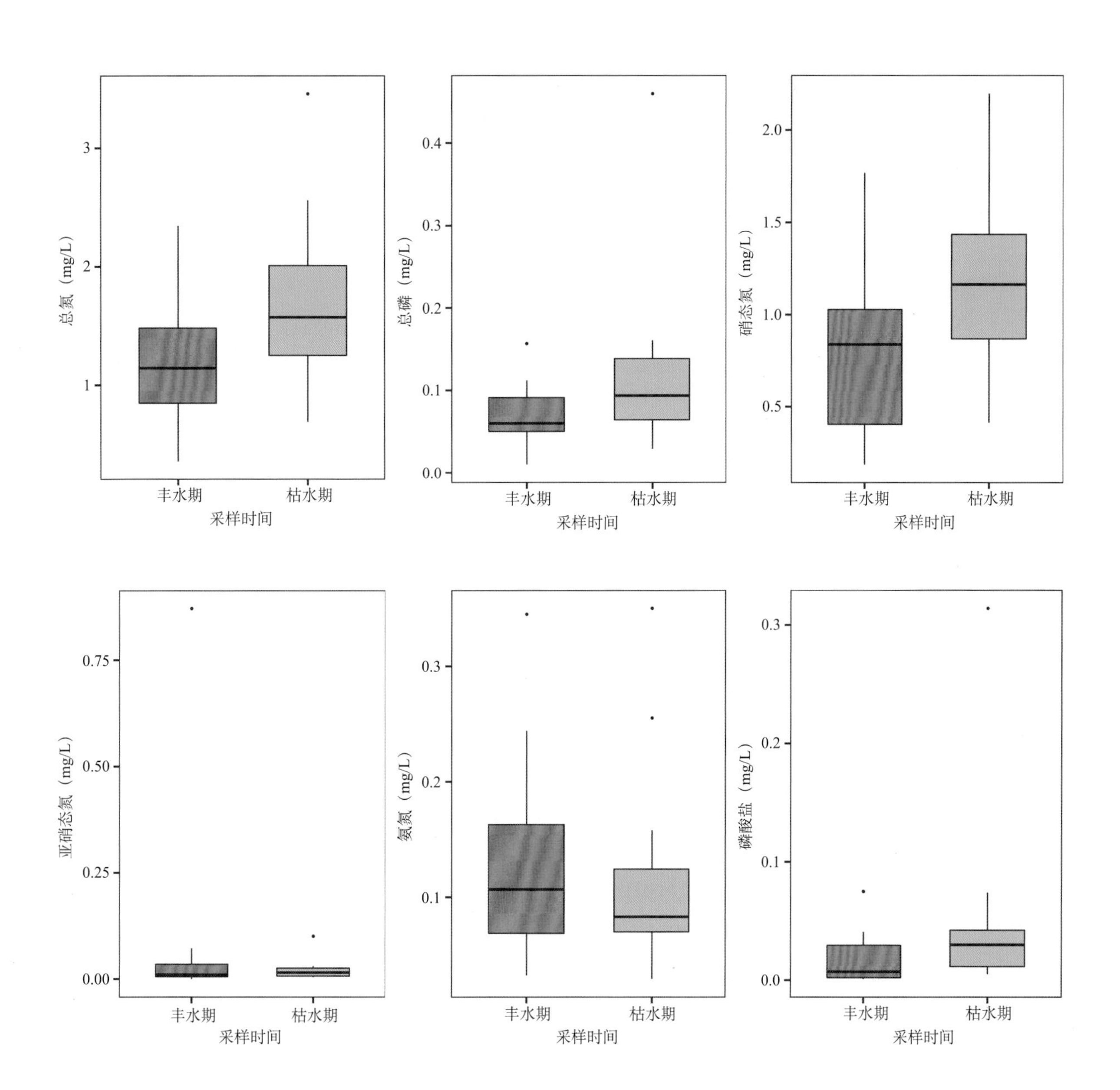

我国南方丘陵山区河流下游河段水体不同理化指标表现出明显的季节差异，与上游及中游河段季节变化特征一致，总磷、总氮、硝态氮、亚硝态氮、氨氮和磷酸盐均表现为枯水期高于丰水期，高锰酸盐指数和总有机碳则整体表现为丰水期高于枯水期。

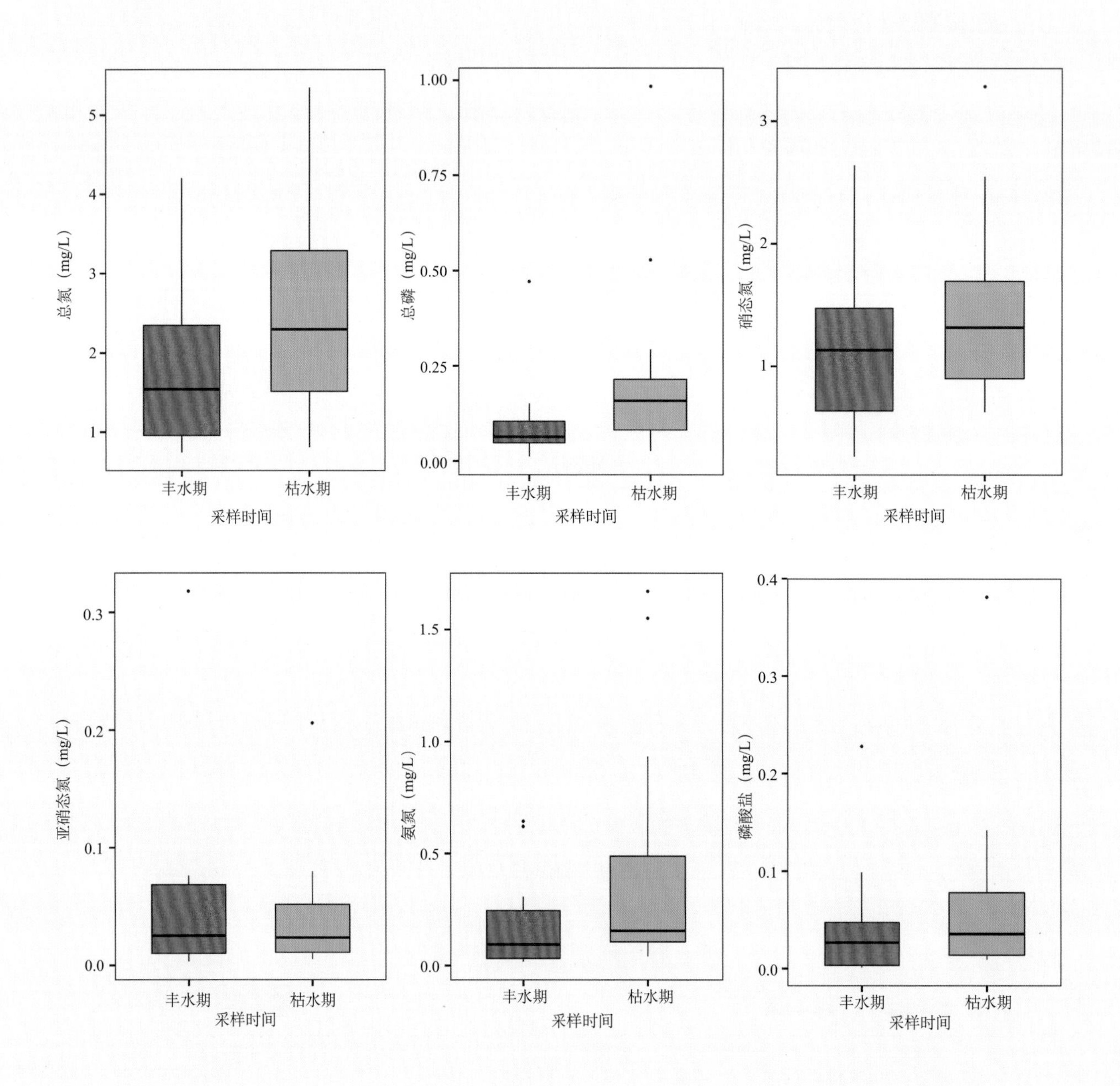

我国南方丘陵山区典型河流上游、中游、下游水体常规理化指标污染不存在显著差异。丰水期河流水体不同河段总磷和氨氮分布表现为中游和下游含量相当，上游最低；总氮、硝态氮、磷酸盐以及高锰酸盐指数表现为下游水体高于上游水体和中游水体。

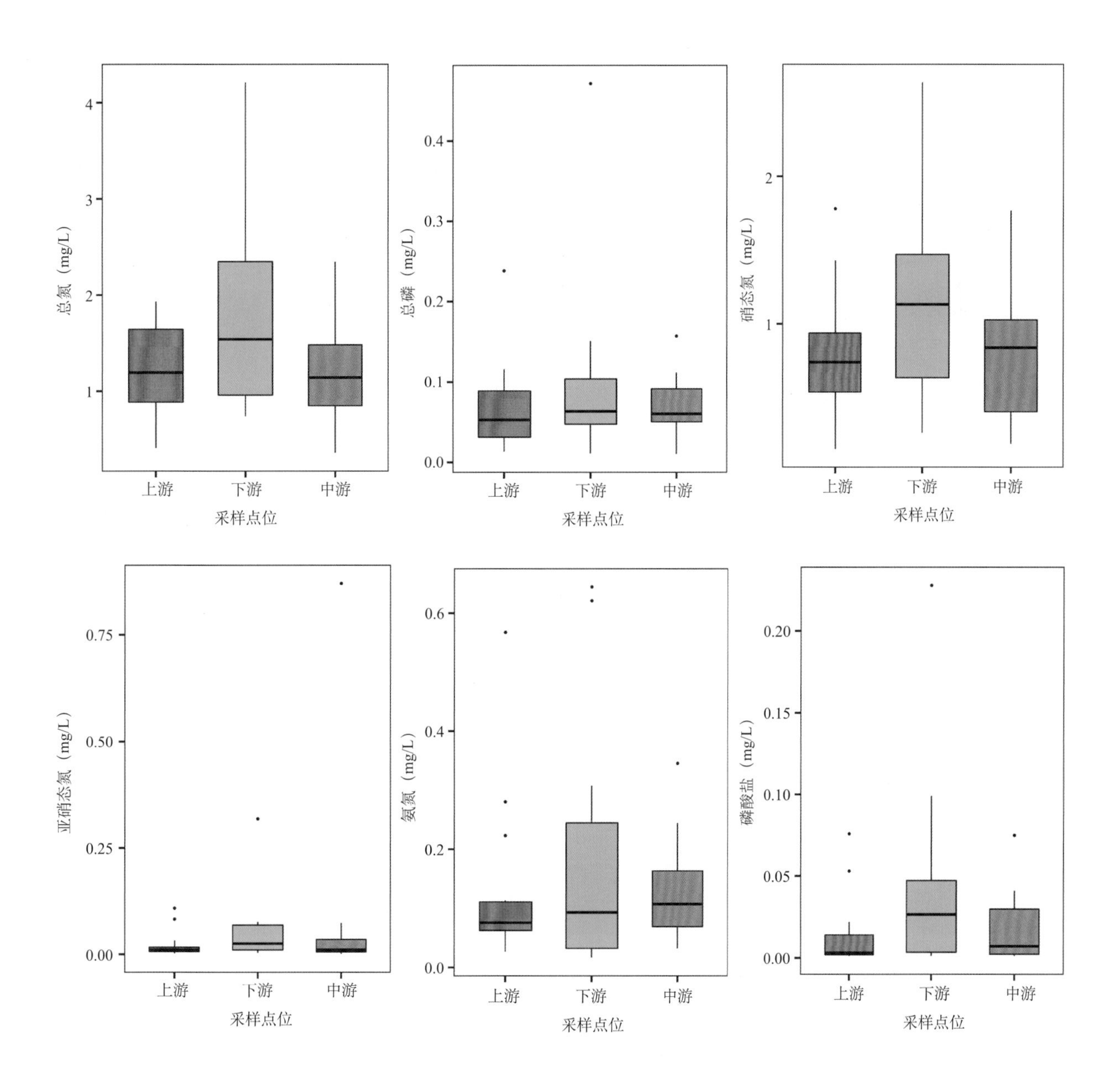

我国南方丘陵山区河流不同河段水体枯水期总磷、总氮、氨氮和高锰酸盐指数表现出较为一致的空间分布规律，即下游水体略高于中游水体，上游水体最低。

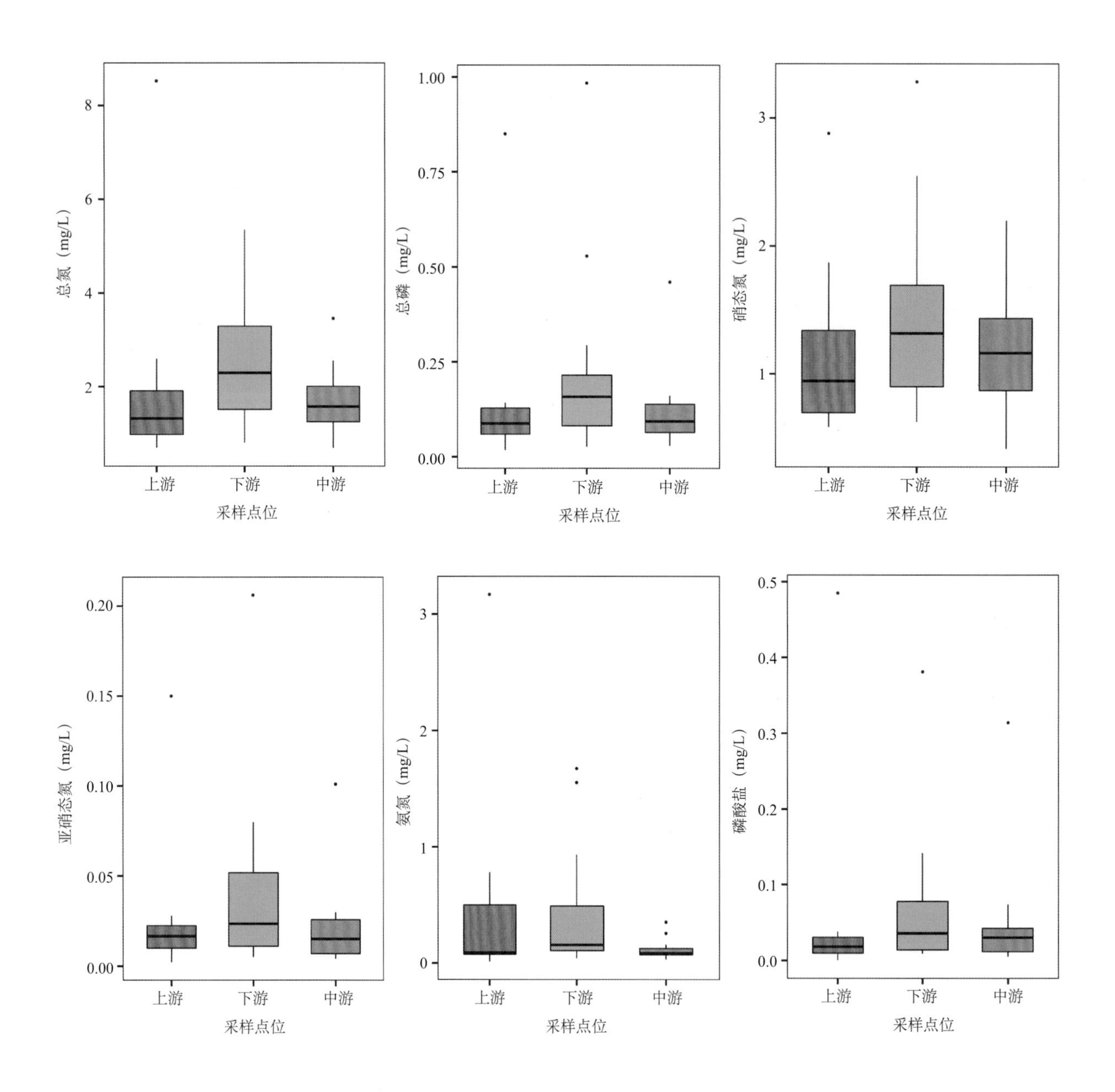

河流不同河段水体理化指标空间分布规律为丰水期变化较大，上游、中游和下游未呈现明显的变化趋势，与丰水期水量较大、河流污染输入差异较大有关；枯水期河流不同河段由于水量下降、径流污染减少，水体理化参数变化规律趋于一致，主要污染指标呈现从上游向下游迁移并逐渐降低的趋势。

我国南方丘陵山区主要河流丰水期水体主要阴离子氟离子、氯离子和硫酸根离子含量空间变化以氟离子最小，最高值和最低值分别于信江上游和青弋江上游检出，氯离子最高值于饶河下游河段检出，饶河中游硫酸根离子含量最高，抚河中游含量最低。

我国南方丘陵山区主要河流丰水期水体主要阳离子以钙离子含量最高，最高值和最低值分别于饶河中游和修水下游检出，其次为钠离子，含量最高值和最低值分别于饶河下游和信江中游检出。钾离子和镁离子检出含量相对较低，最高值分别于闽江上游和抚河中游检出。

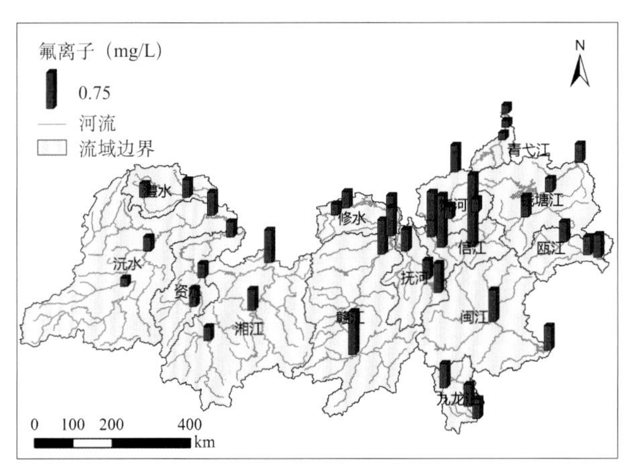

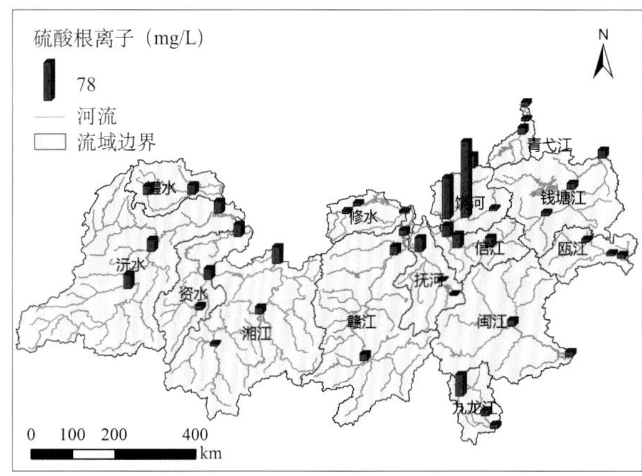

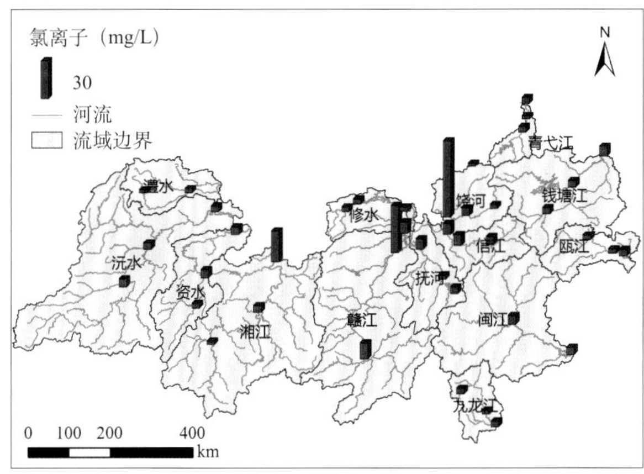

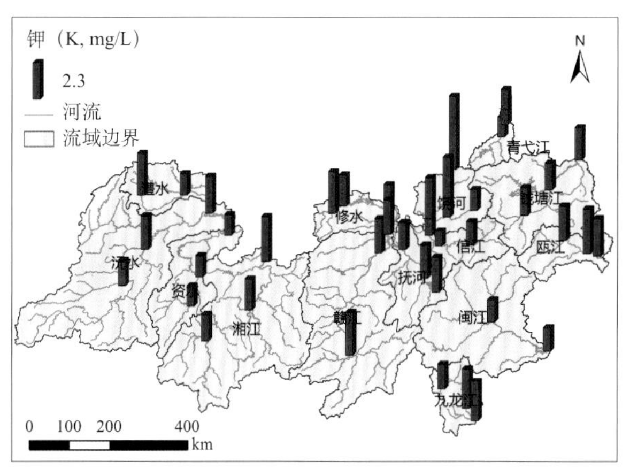

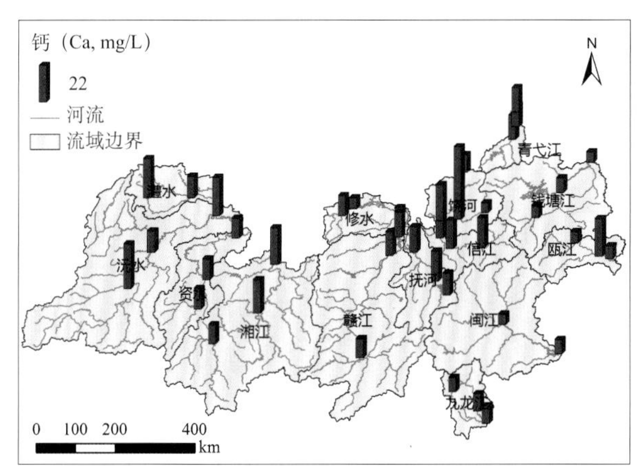

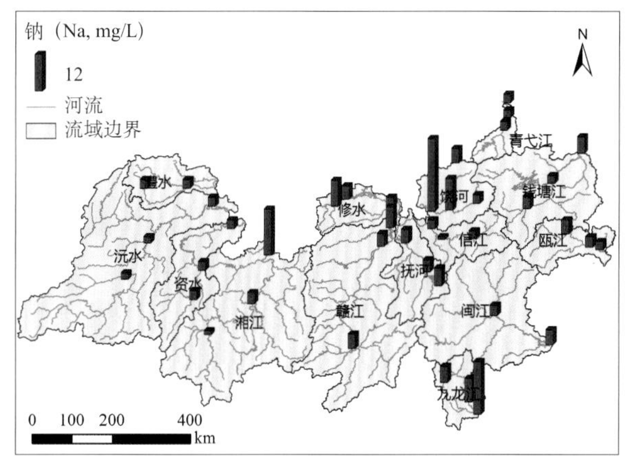

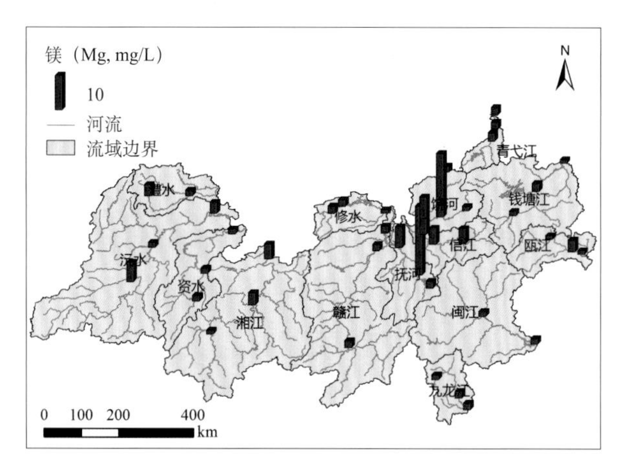

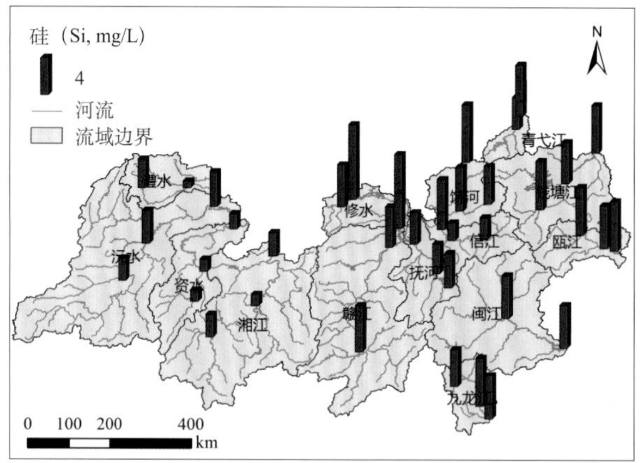

我国南方丘陵山区主要河流枯水期水体主要阴离子氟离子、氯离子和硫酸根离子含量空间变化以氟离子最小，最高值和最低值分别于信江中游和闽江下游检出，氯离子最高值于九龙江下游河段检出，九龙江上游硫酸根离子含量最高，闽江下游含量最低。

我国南方丘陵山区主要河流枯水期水体主要阳离子以钙离子含量最高，最高值和最低值分别于澧水中游和青弋江上游检出，其次为钠离子，含量最高值和最低值分别于九龙江下游和澧水上游检出。钾离子和镁离子检出含量相对较低，最高值分别于九龙江上游和沅江下游检出。

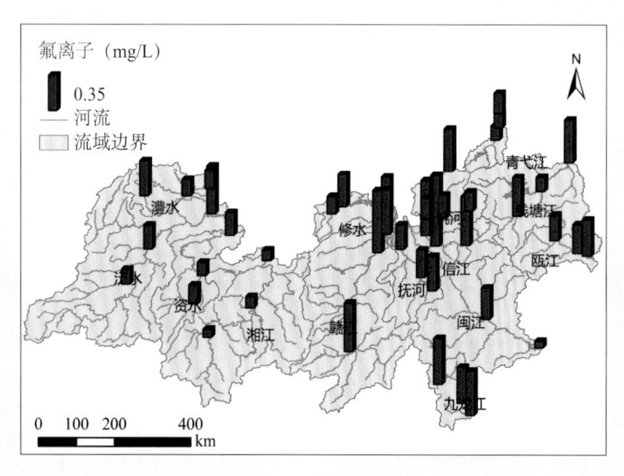

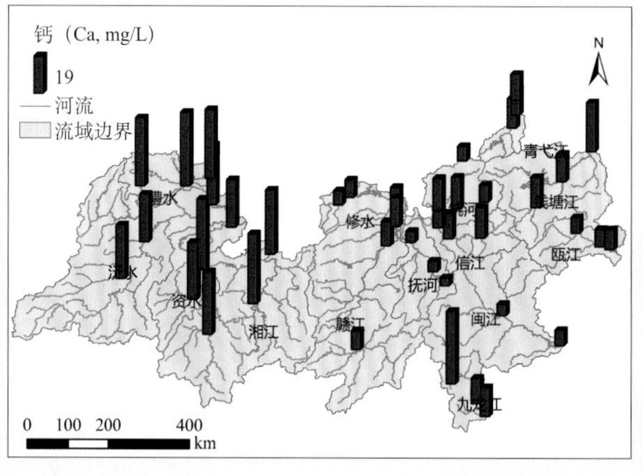

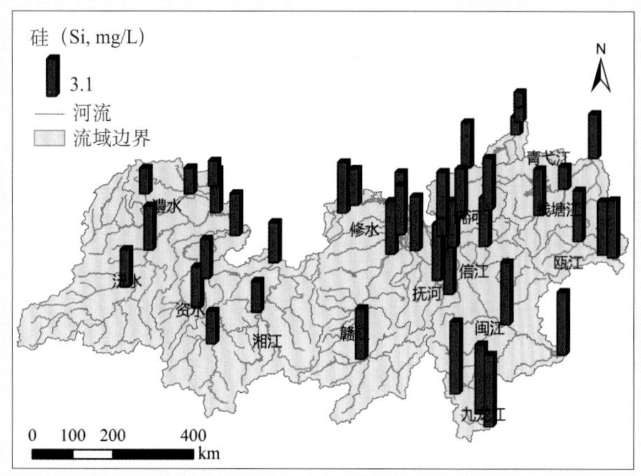

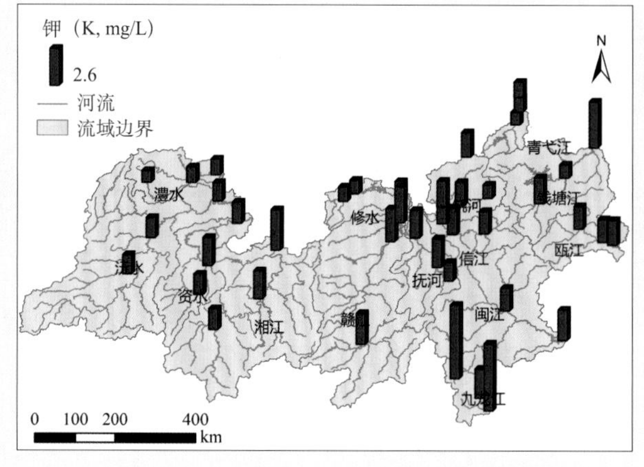

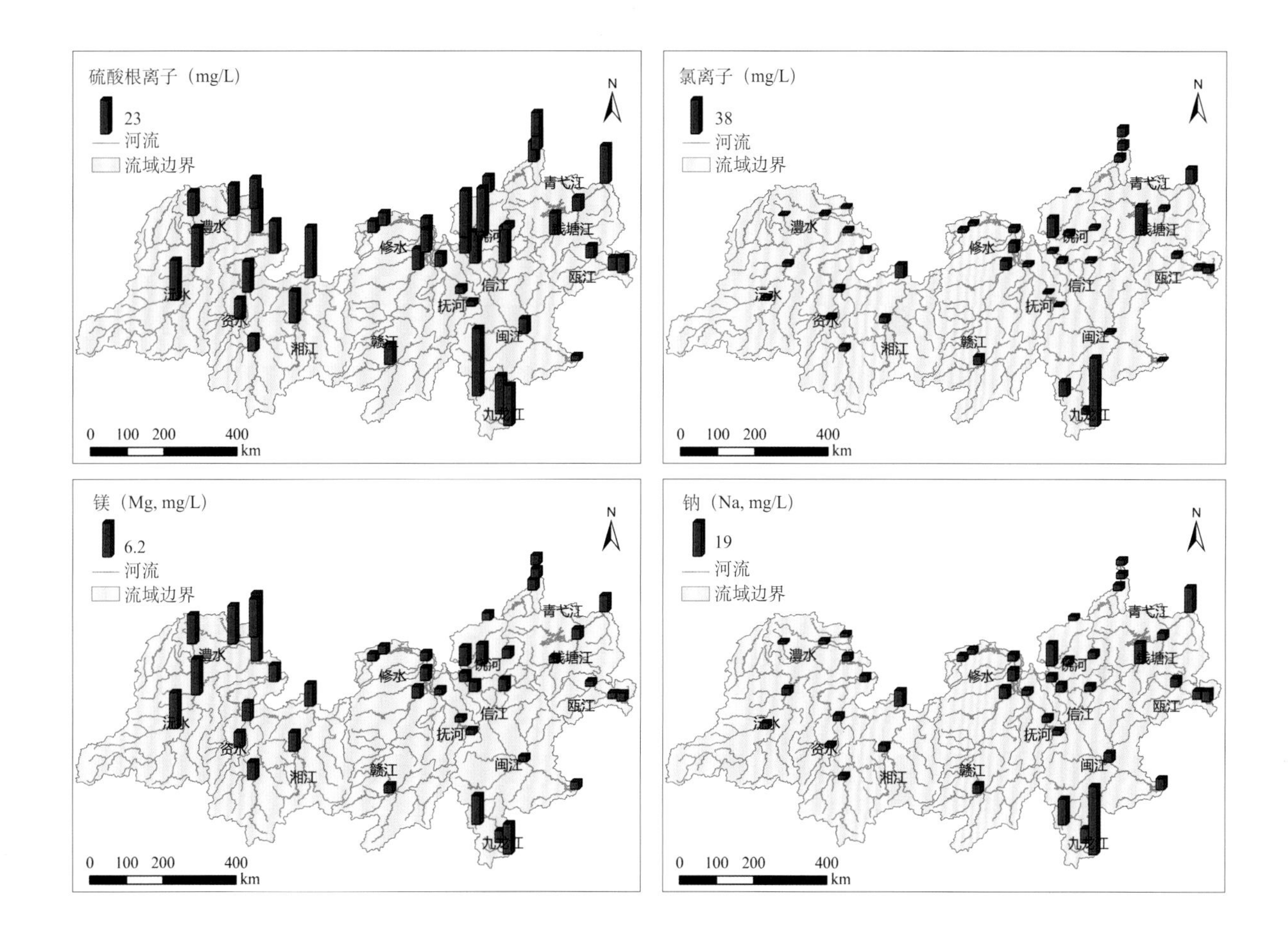

我国南方丘陵山区主要河流水体氟离子含量丰水期高于枯水期，氯离子和硫酸根离子丰、枯期含量相当；全年水体赋存含量对比均显示为下游河段略高于上游和中游河段，呈现沿水流方向的迁移累积趋势。

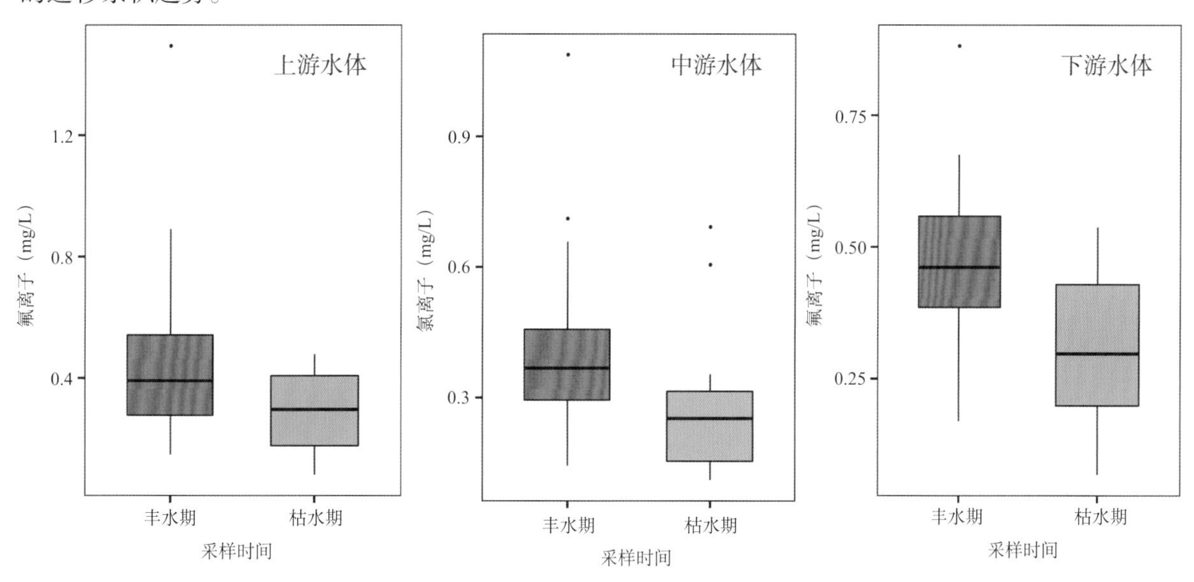

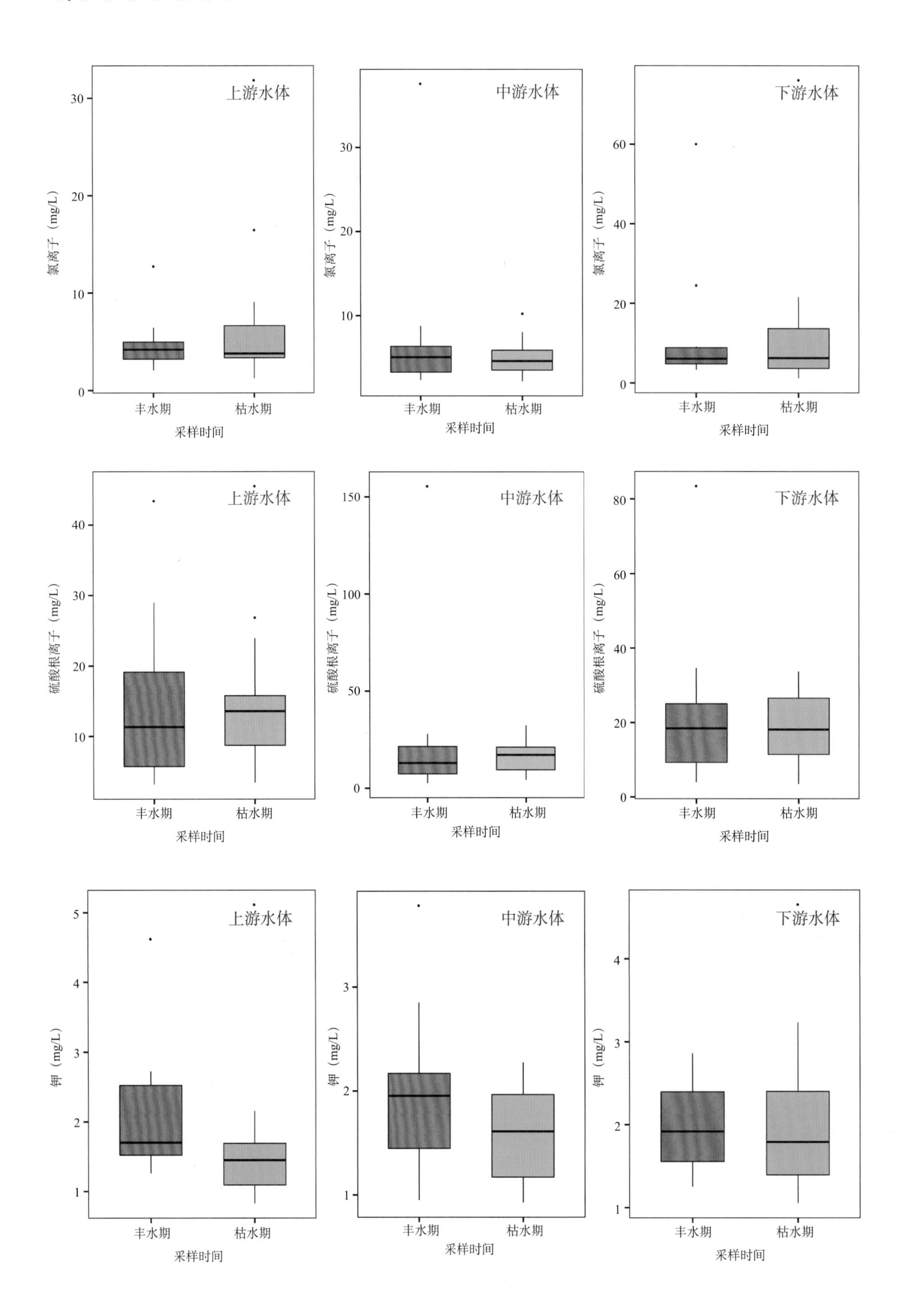
上游水体
中游水体
下游水体
氯离子（mg/L）
硫酸根离子（mg/L）
钾（mg/L）
丰水期
枯水期
采样时间

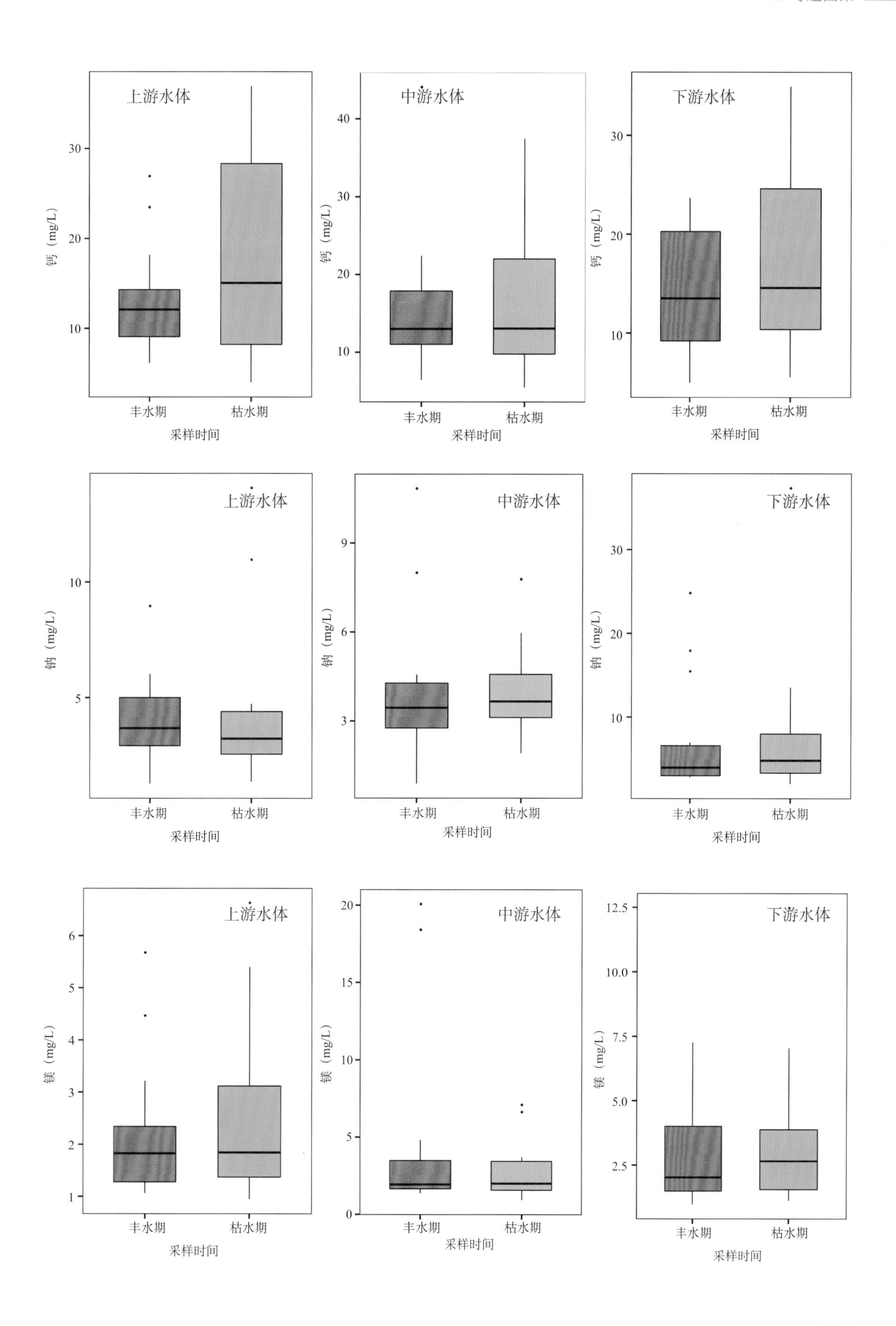
上游水体
中游水体
下游水体
钙（mg/L）
钠（mg/L）
镁（mg/L）
丰水期
枯水期
采样时间

我国南方丘陵山区主要河流水体钾离子含量丰水期高于枯水期，钙离子和钠离子枯水期略高于丰水期，镁离子丰水期和枯水期含量相当；全年水体赋存含量对比与阳离子空间分布特征相似，普遍表现为下游河段略高于上游和中游河段，呈现沿水流方向的迁移累积趋势。

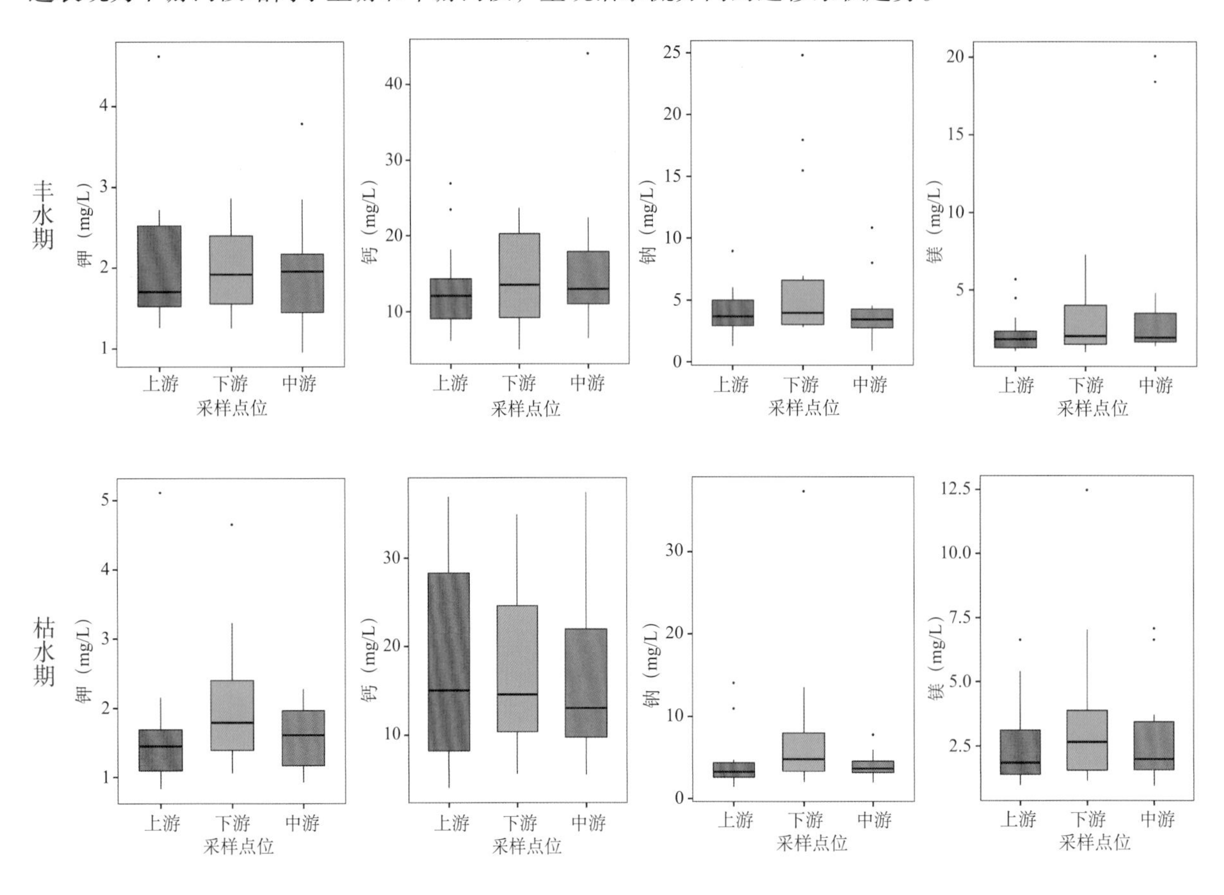

2.1.2　2012—2015 年我国南方丘陵山区主要河流底质

我国南方丘陵山区典型河流丰水期底质指标含量存在显著空间差异。有机质含量范围为 1.54%～8.07%，均值为 7.21%。总氮含量范围为 0.27～7.19 mg/g，均值为 2.72 mg/g。总磷含量范围为 0.13～4.49 mg/g，均值为 0.91 mg/g。相比较而言，鄱阳湖水系底质总氮和总磷含量相对较低。

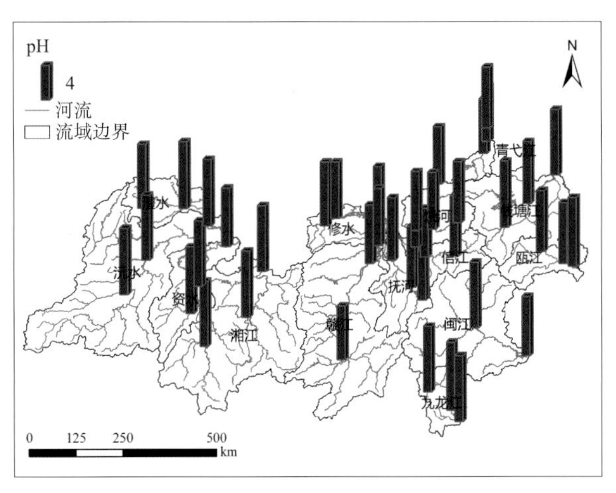

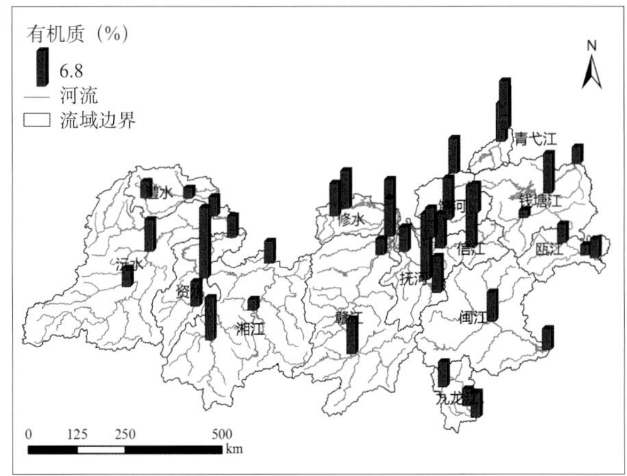

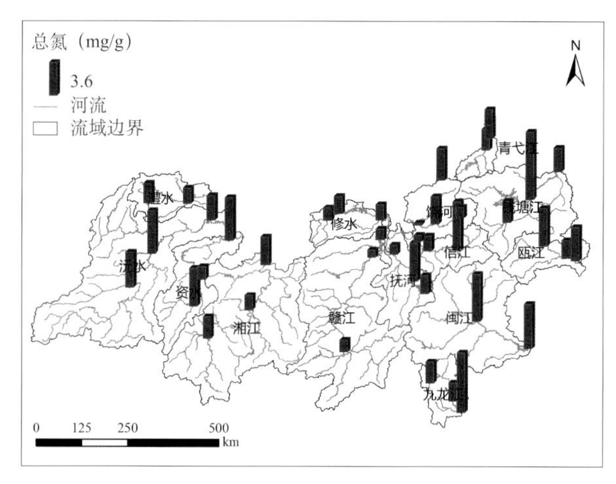

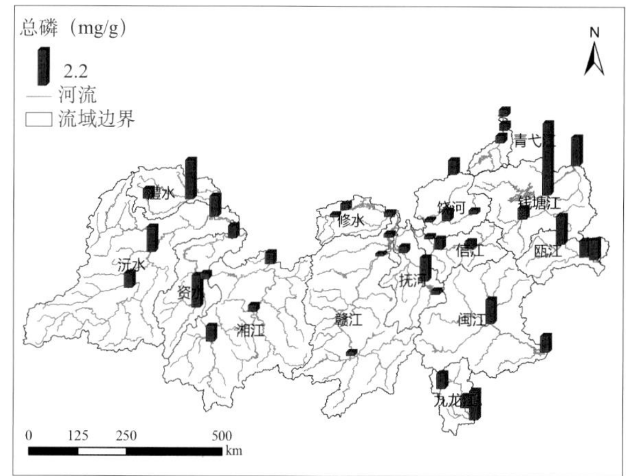

南方丘陵山区典型河流丰水期底质钾、铝和铁含量空间差异不显著，澧水和沅水上游显示了相对较高的钙含量，钱塘江、瓯江和青弋江水系钠含量较高，洞庭湖与鄱阳湖水系锰含量较低，镁则在澧水、沅水以及钱塘江和青弋江下游等水系显示了相对较高的含量。

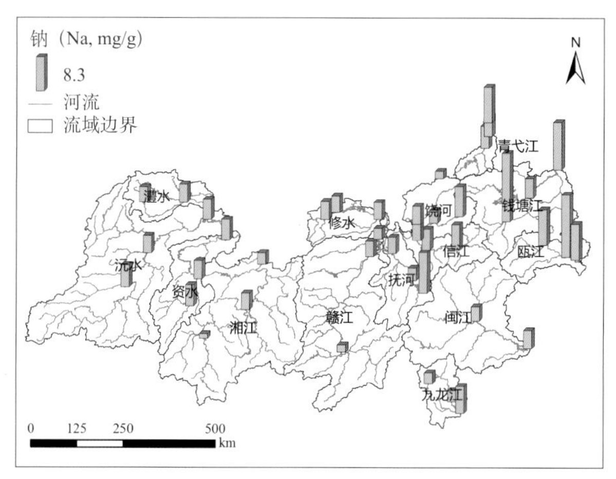

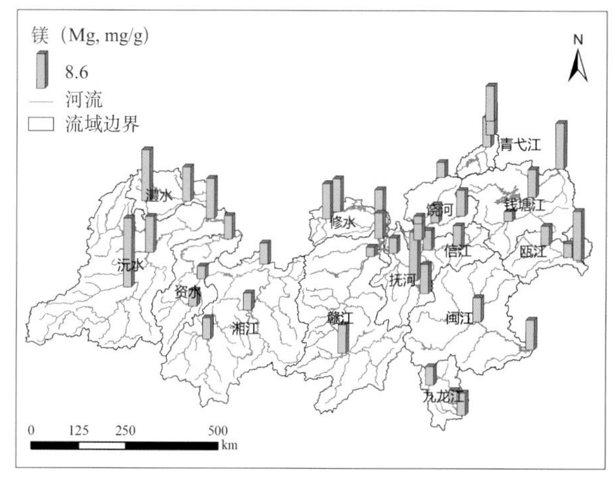

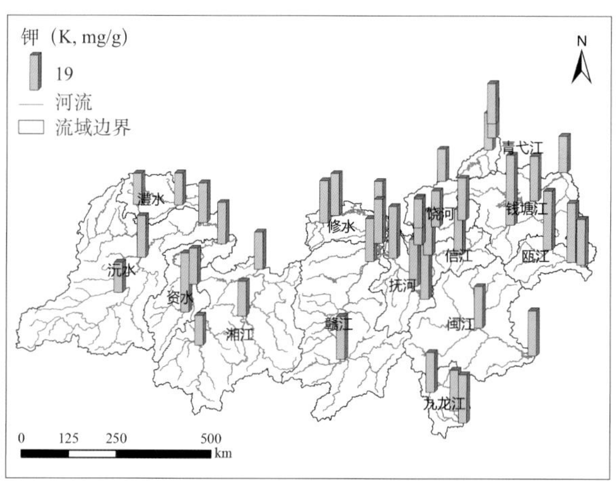

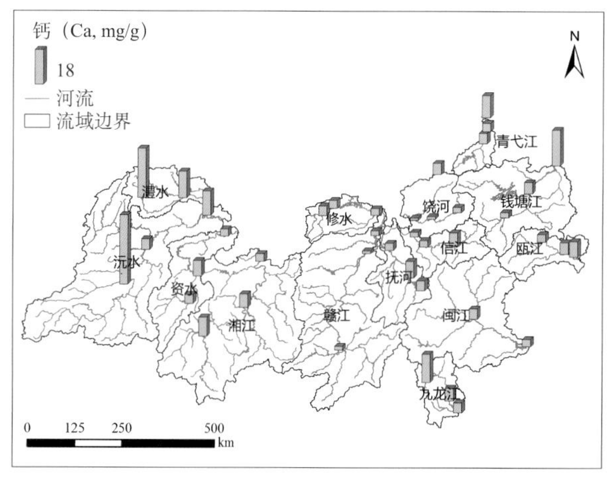

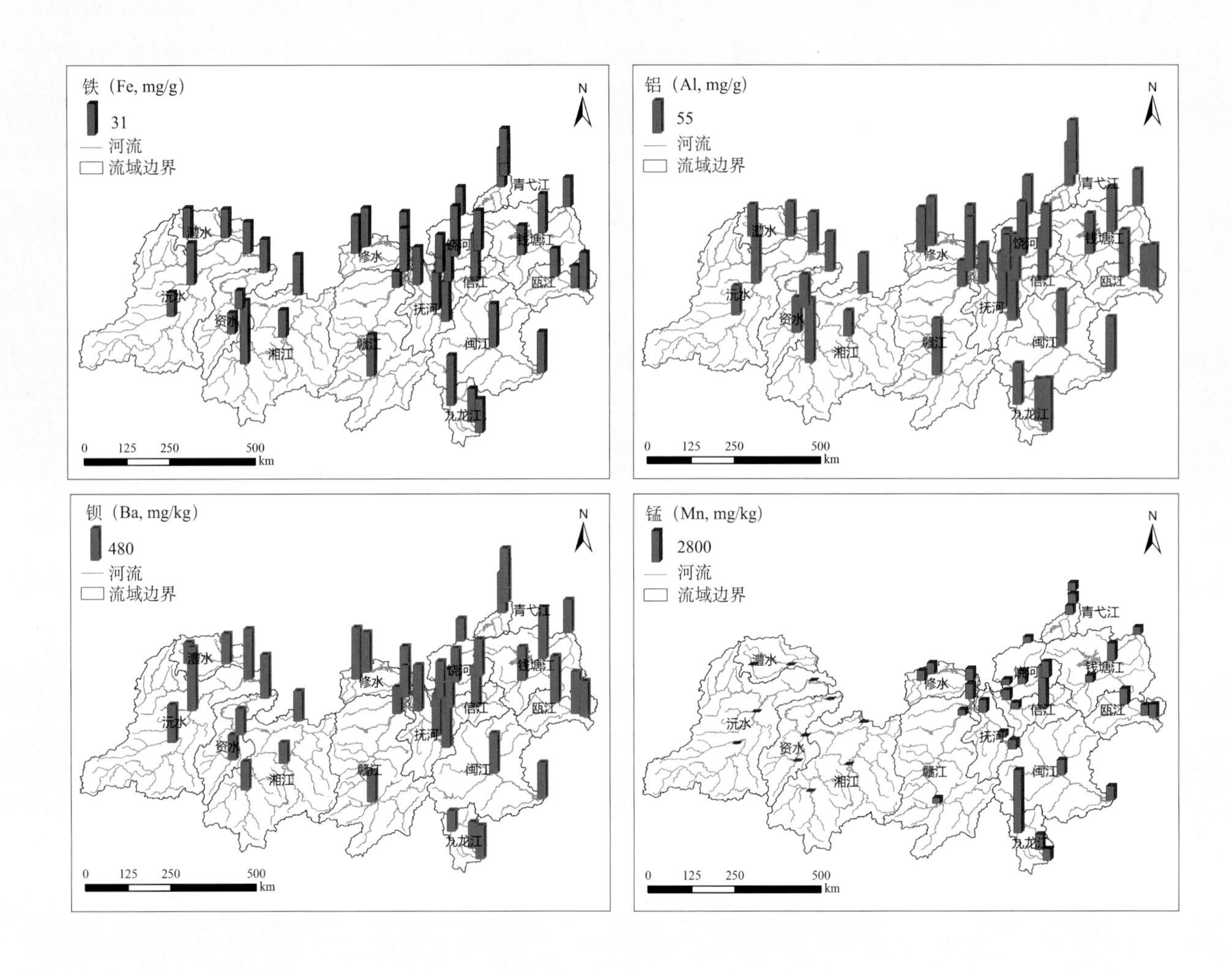

铜在信江、饶河，镉在湘江下游，锑在资水和修水丰水期沉积物中均显示了相对较高的含量；铅在九龙江和瓯江上游含量也相对较高；湘江下游、赣江、信江与饶河沉积物中也显示了相对较高的锌含量。此外，铬在浙江、福建水系含量要高于江西与湖南水系。

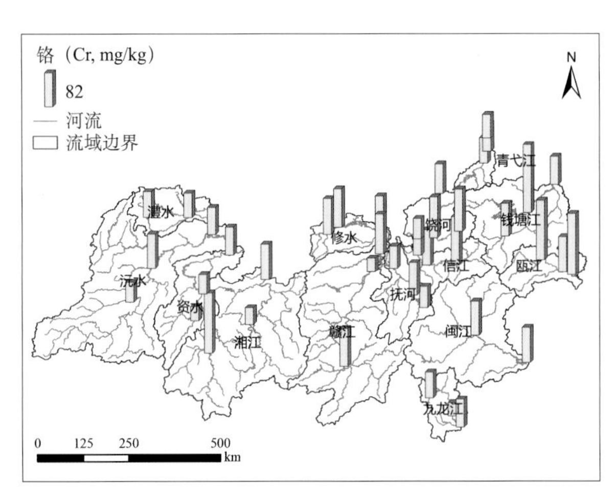

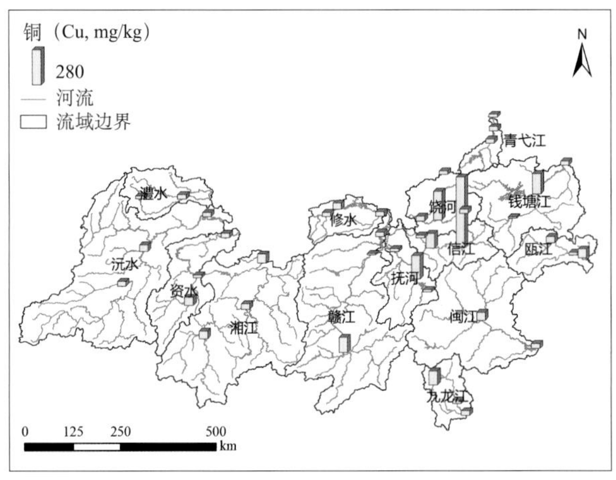

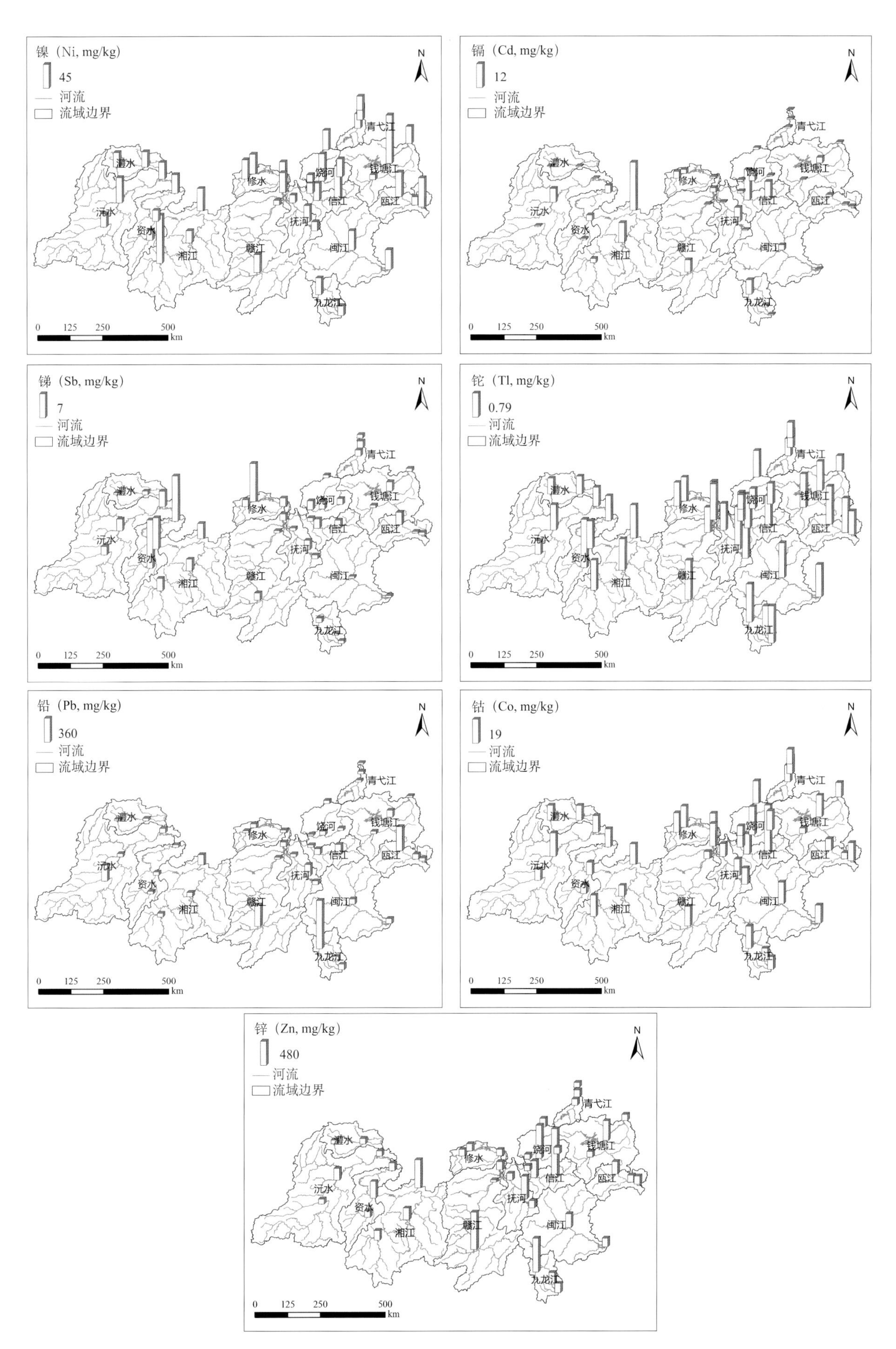
镍（Ni, mg/kg）
45
河流
流域边界
镉（Cd, mg/kg）
12
河流
流域边界
锑（Sb, mg/kg）
7
河流
流域边界
铊（Tl, mg/kg）
0.79
河流
流域边界
铅（Pb, mg/kg）
360
河流
流域边界
钴（Co, mg/kg）
19
河流
流域边界
锌（Zn, mg/kg）
480
河流
流域边界
N
青弋江
澧水
修水
饶河
钱塘江
沅水
信江
瓯江
资水
抚河
湘江
赣江
闽江
九龙江
0 125 250 500
km

我国南方丘陵山区典型河流枯水期底质指标含量存在显著空间差异。有机质含量范围为 2.32%～11.48%，均值为 6.39%。总氮含量范围为 0.68～3.89 mg/g，均值为 1.91 mg/g，不同水系间差异相对较小。总磷含量范围为 0.11～2.39 mg/g，均值为 0.59 mg/g。

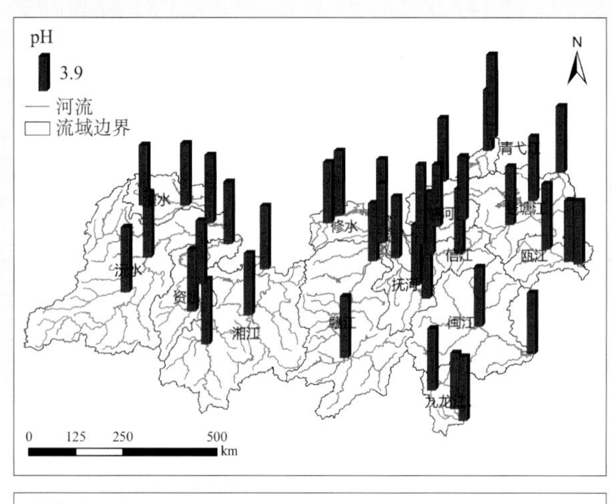

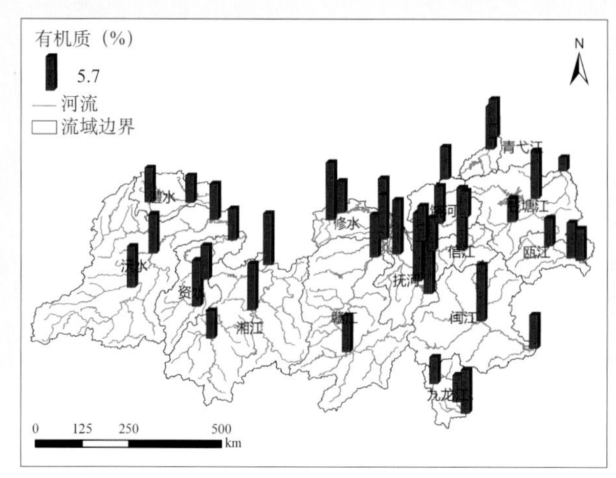

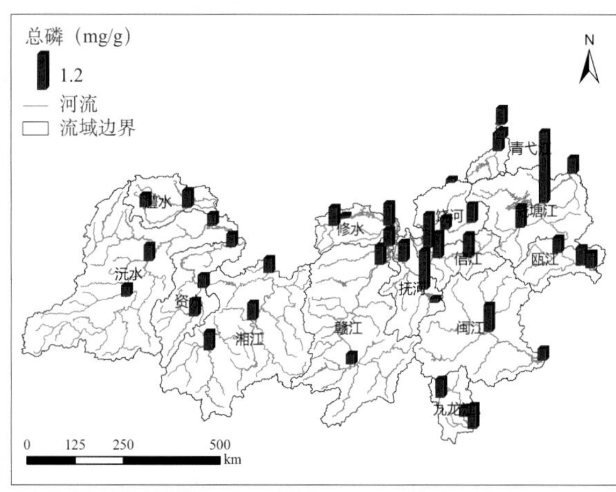

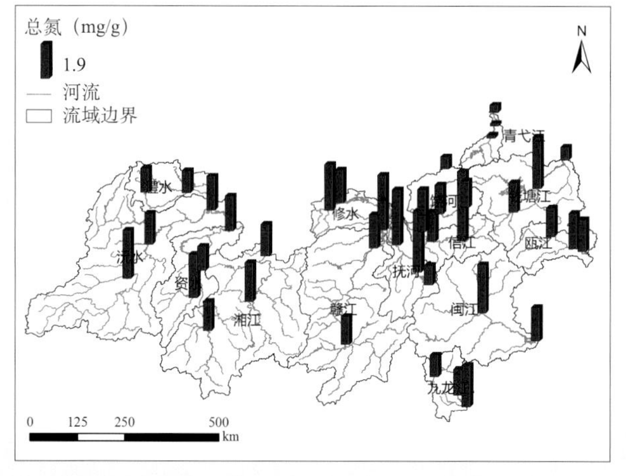

与丰水期类似，南方丘陵山区典型河流枯水期底质钾、铝和铁含量空间差异不显著，澧水、沅水与青弋江上游显示了相对较高的钙含量，钠在钱塘江、瓯江和青弋江水系沉积物中含量较高，洞庭湖与鄱阳湖水系沉积物中锰含量相对较低，镁则在澧水、青弋江以及钱塘江和瓯江下游等水系显示出了相对较高的含量。

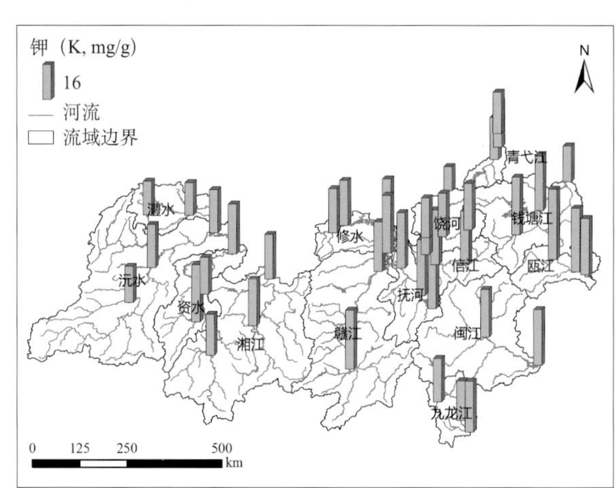

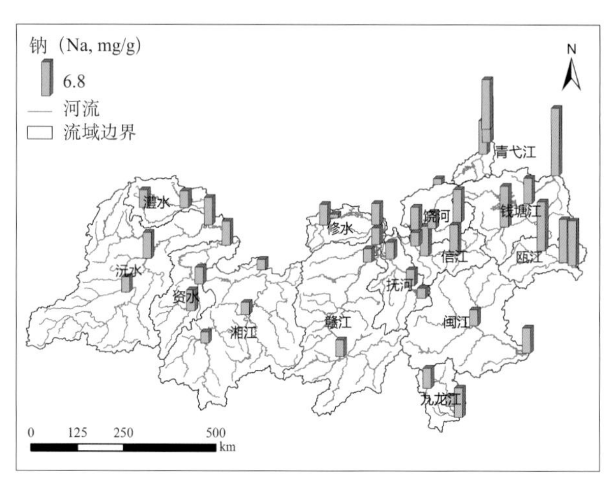

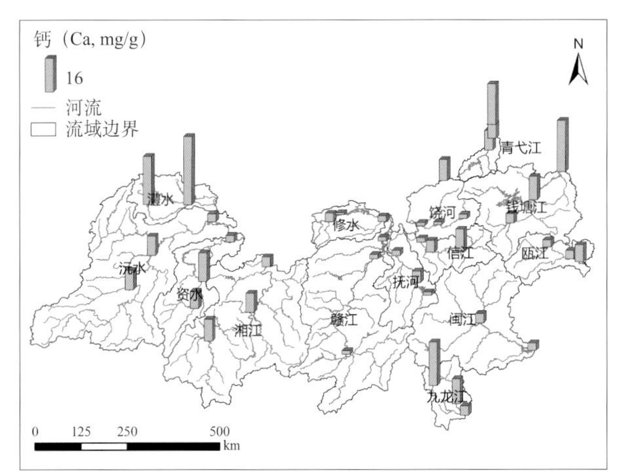
钙（Ca, mg/g）
16
河流
流域边界
N
青弋江
澧水
饶河
钱塘江
修水
信江
瓯江
沅水
资水
抚河
湘江
赣江
闽江
九龙江
0 125 250 500
km

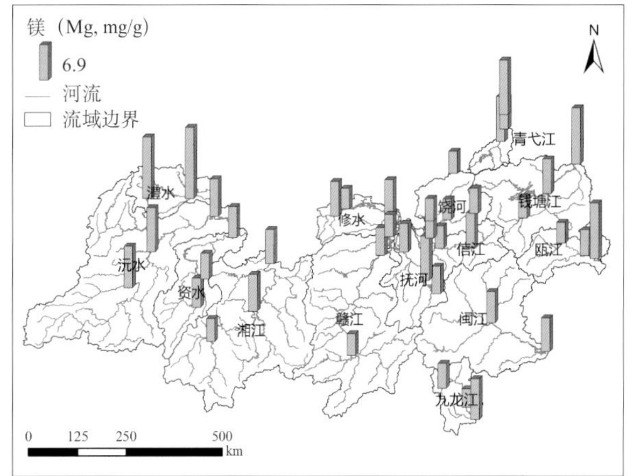
镁（Mg, mg/g）
6.9
河流
流域边界
N
青弋江
澧水
饶河
钱塘江
修水
信江
瓯江
沅水
资水
抚河
湘江
赣江
闽江
九龙江
0 125 250 500
km

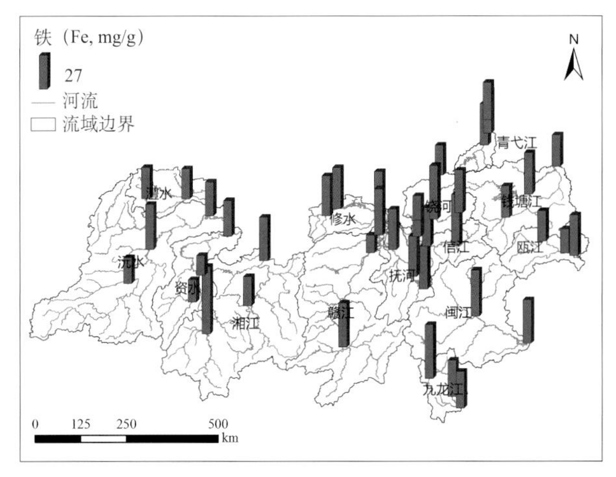
铁（Fe, mg/g）
27
河流
流域边界
N
青弋江
澧水
饶河
钱塘江
修水
信江
瓯江
沅水
资水
抚河
湘江
赣江
闽江
九龙江
0 125 250 500
km

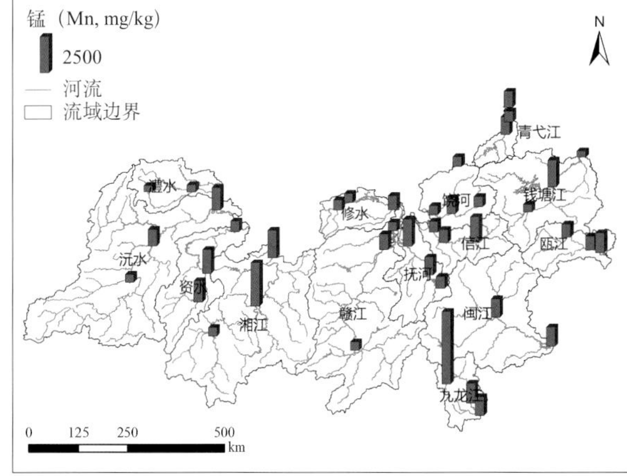
锰（Mn, mg/kg）
2500
河流
流域边界
N
青弋江
澧水
饶河
钱塘江
修水
信江
瓯江
沅水
资水
抚河
湘江
赣江
闽江
九龙江
0 125 250 500
km

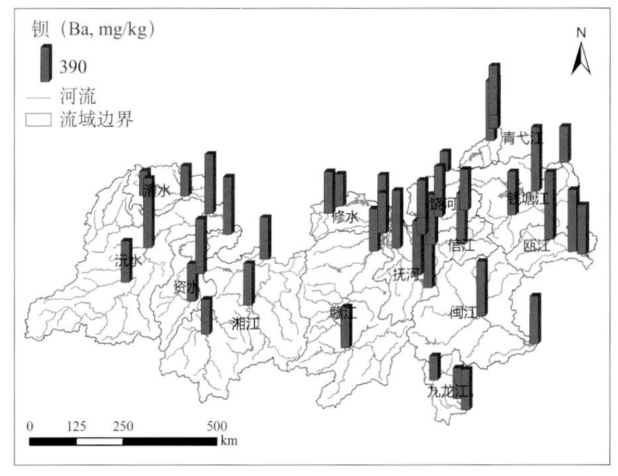
钡（Ba, mg/kg）
390
河流
流域边界
N
青弋江
澧水
饶河
钱塘江
修水
信江
瓯江
沅水
资水
抚河
湘江
赣江
闽江
九龙江
0 125 250 500
km

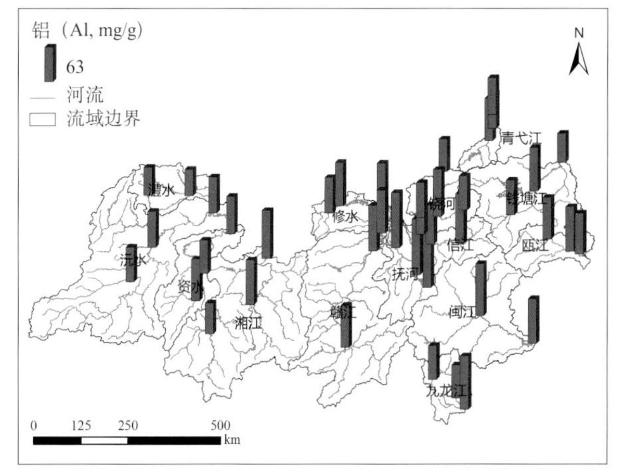
铝（Al, mg/g）
63
河流
流域边界
N
青弋江
澧水
饶河
钱塘江
修水
信江
瓯江
沅水
资水
抚河
湘江
赣江
闽江
九龙江
0 125 250 500
km

铜在信江、镉在湘江中下游、锑在资水、铅在九龙江枯水期沉积物中均显示了明显较高的含量；湘江下游、赣江、信江与饶河沉积物中显示了相对较高的锌含量。此外，与丰水期类似，铬在浙江水系、福建水系含量要高于江西与湖南水系。

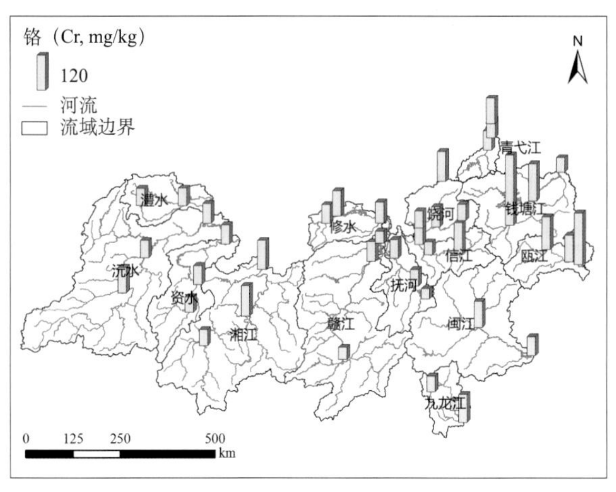

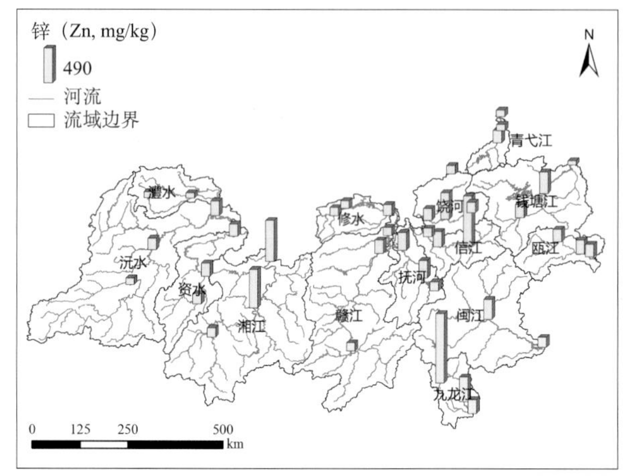

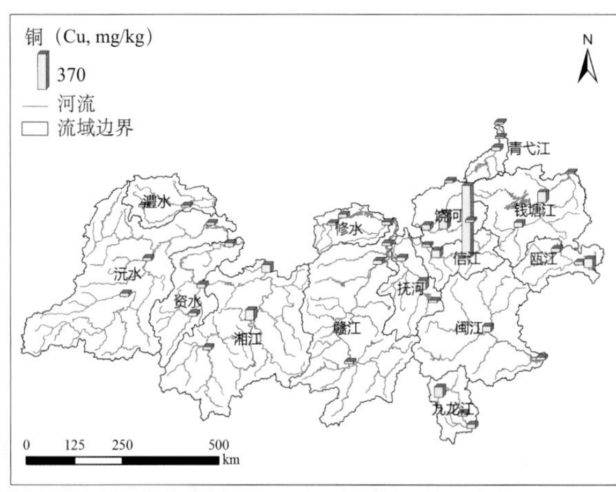

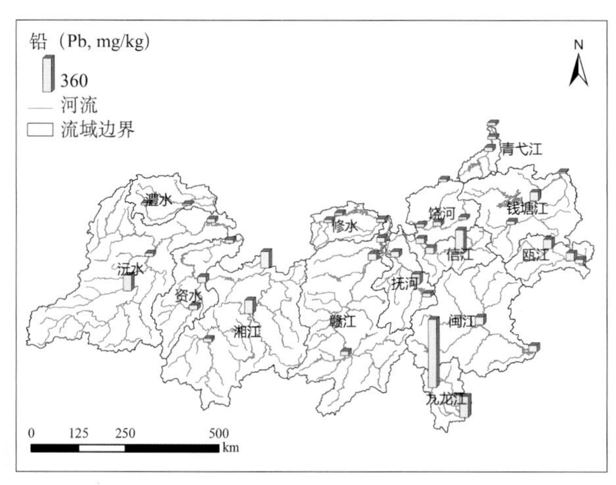

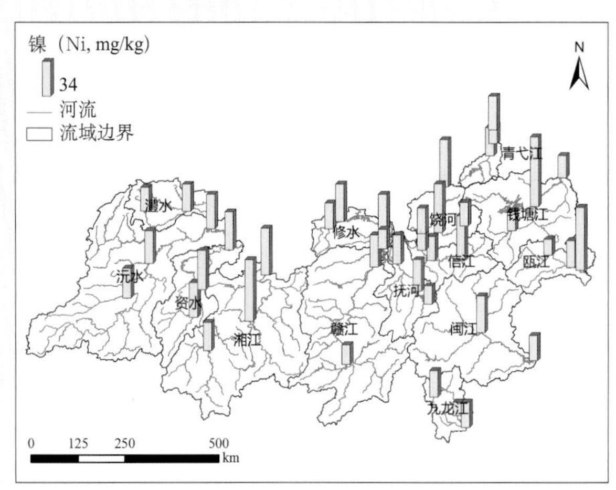

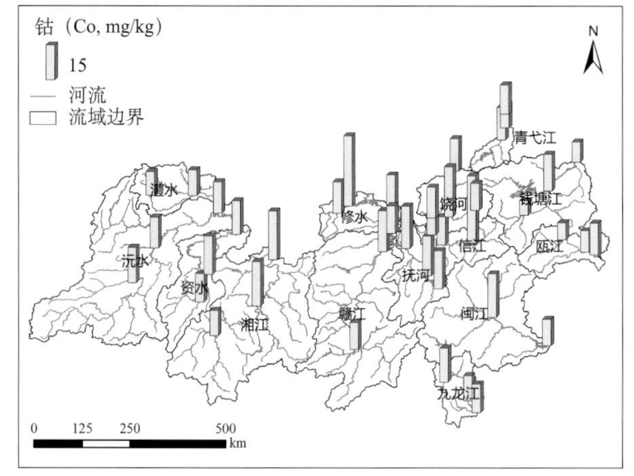

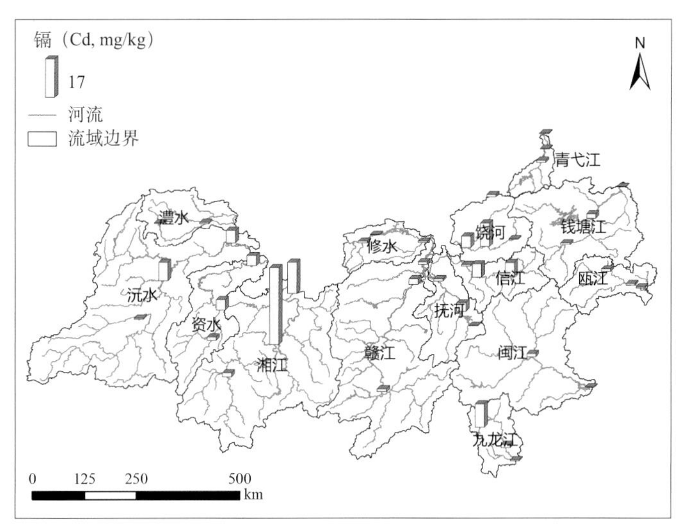
镉（Cd, mg/kg）
17
河流
流域边界
N
青弋江
澧水
钱塘江
修水
饶河
信江
瓯江
沅水
资水
抚河
赣江
闽江
湘江
九龙江
0 125 250 500
km

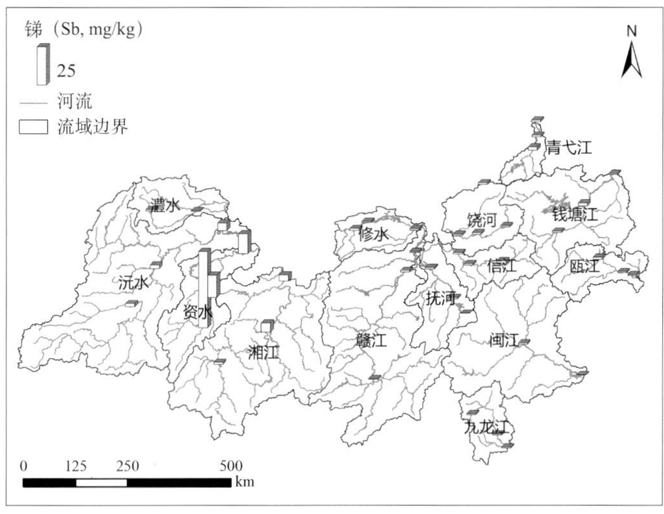
锑（Sb, mg/kg）
25
河流
流域边界
N
青弋江
澧水
钱塘江
修水
饶河
信江
瓯江
沅水
资水
抚河
赣江
闽江
湘江
九龙江
0 125 250 500
km

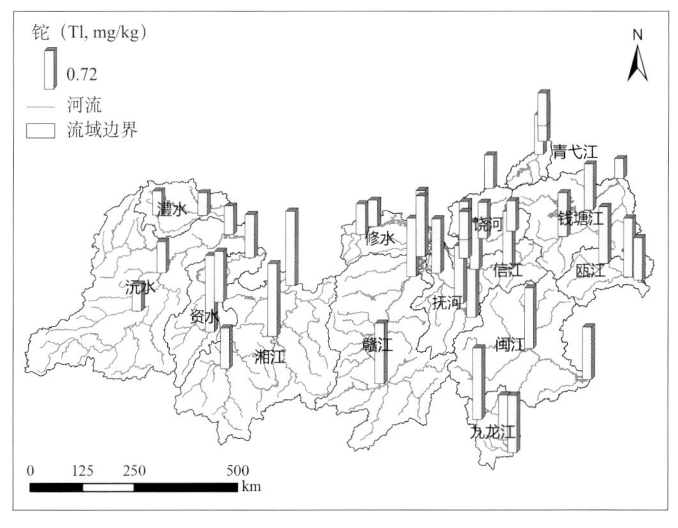
铊（Tl, mg/kg）
0.72
河流
流域边界
N
青弋江
澧水
钱塘江
修水
饶河
信江
瓯江
沅水
资水
抚河
赣江
闽江
湘江
九龙江
0 125 250 500
km

我国南方丘陵山区典型河流部分沉积物常规理化指标和重金属元素的赋存含量存在季节性差异。总体上河流沉积物中总氮和总磷均以丰水期较高；此外，钾和镁含量也是丰水期相对较高；钛和锰元素则是枯水期相对较高。

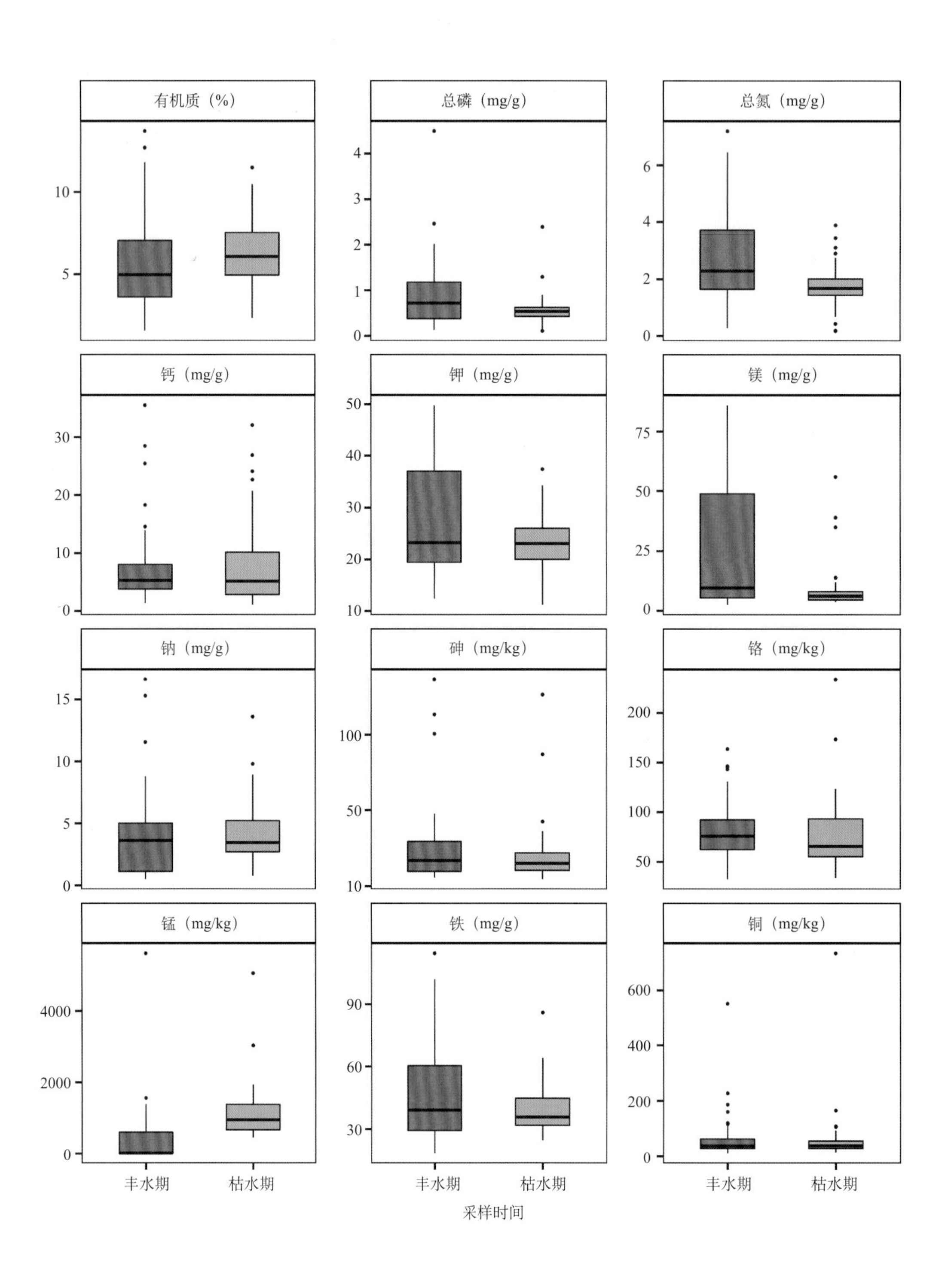

南方丘陵山区典型河流丰水期底质中铁、钴、钛比枯水期高；其他金属元素如镍、铜、锌、砷、锶、钼、镉、锑、钡、锂、铊、铅等元素则在丰水期和枯水期差异不显著。

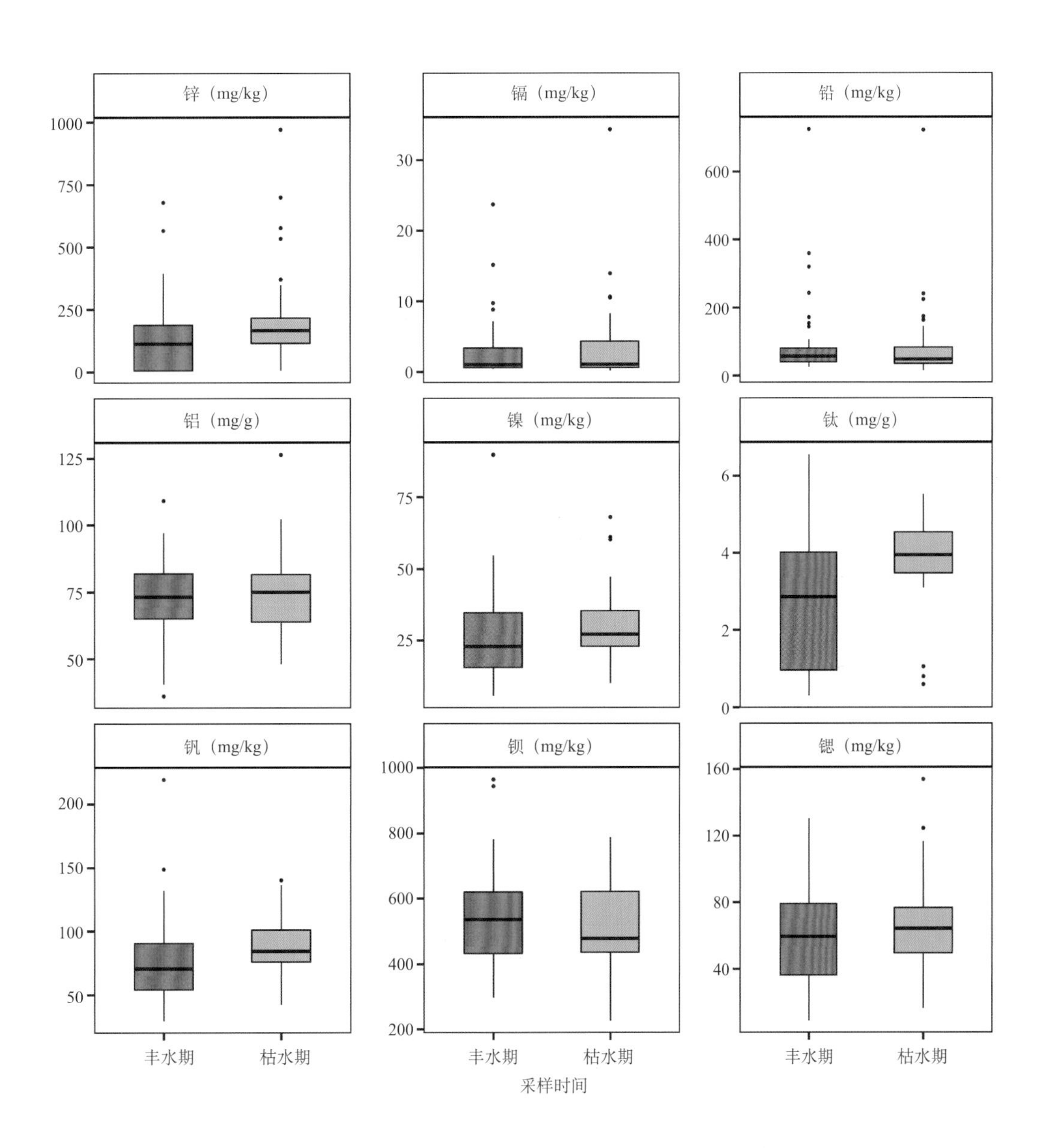

受自然与人为活动影响，常规理化指标和重金属元素含量往往会沿河流纵向梯度发生变化。我国南方丘陵山区典型河流底质大部分常规理化指标在河流的上游、中游和下游差异较小，如总氮和总磷上下游间差异较小，有机质含量下游略低于中游和上游，而钾在中游则略低于上游和下游。

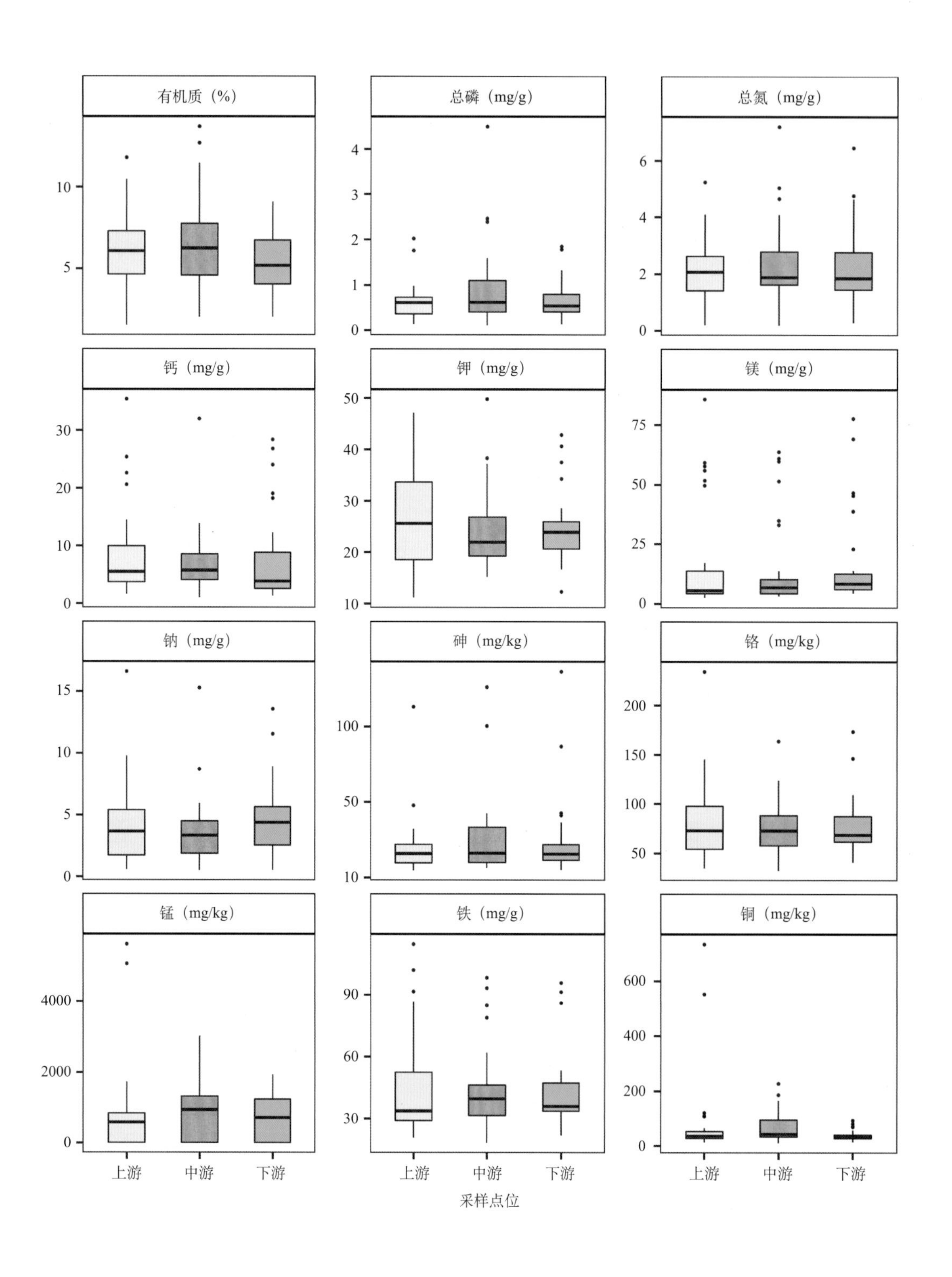

与常规指标类似，总体上大部分重金属指标含量上、下游差异也不明显。其中铁、铝、锰和锌中游含量略高，沉积物钛含量下游略高于上游和中游，钡在中游也显示了相对较高的含量。

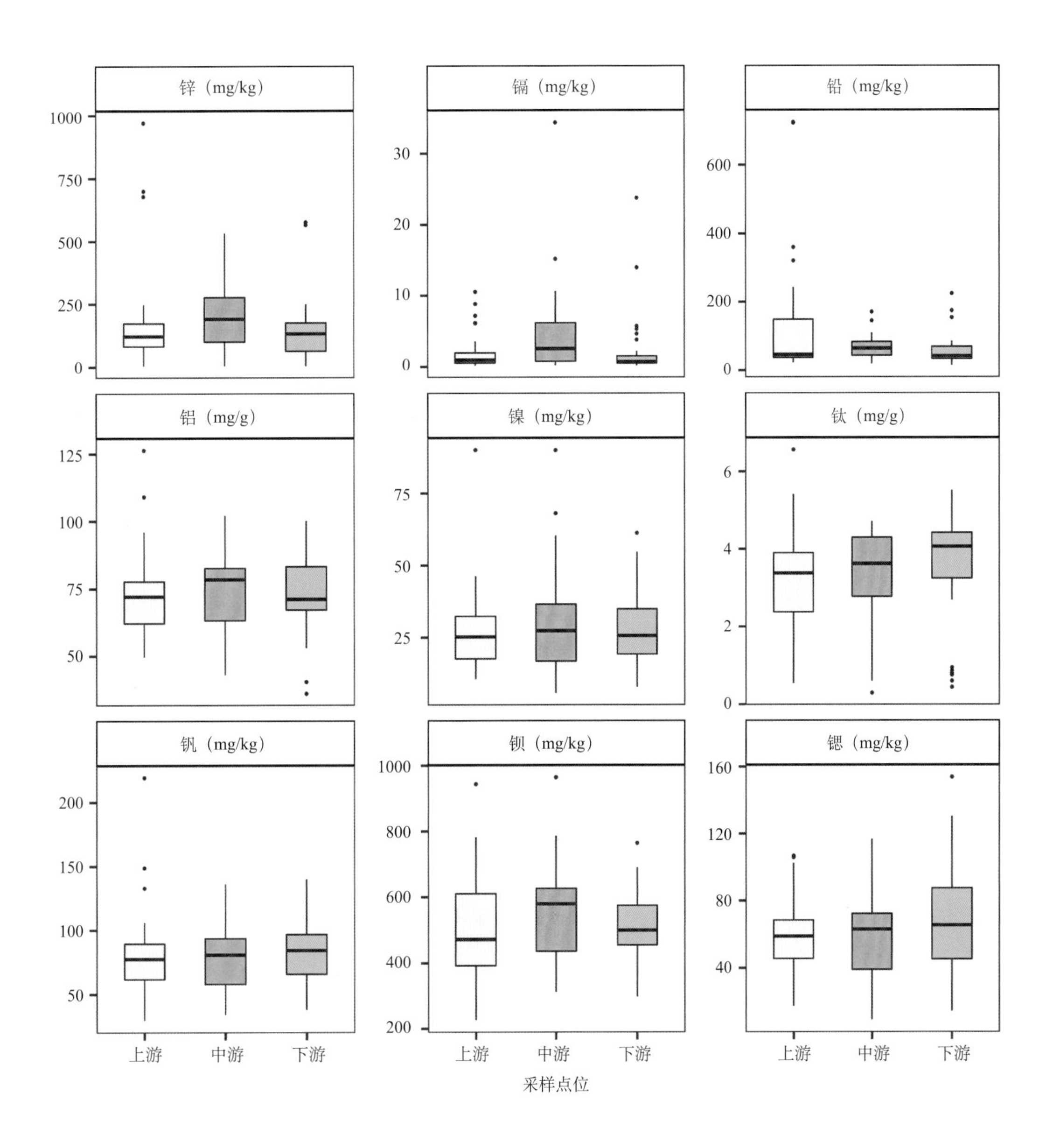

2.1.1 2012—2015 年我国南方丘陵山区主要河流底栖动物群落结构

丰水期各河段底栖动物密度和生物量空间差异显著。总密度介于 9～18012 个 /m^2，最高值出现在九龙江下游城市河段。总生物量介于 0.0036～230.97 g/m^2，总体上呈现出中游和下游河段较高的特征，鄱阳湖水系下游入湖河段生物量明显较高。

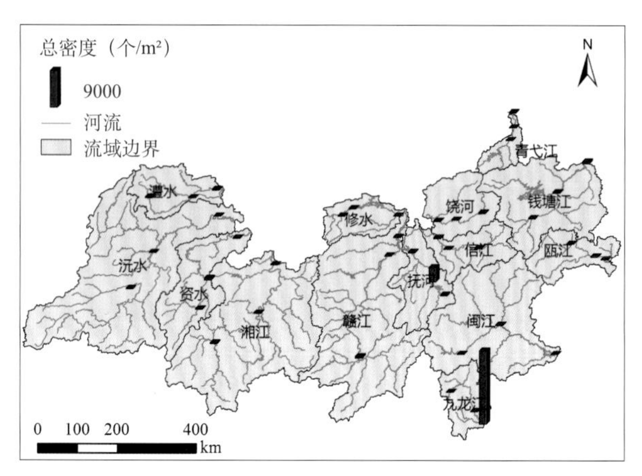

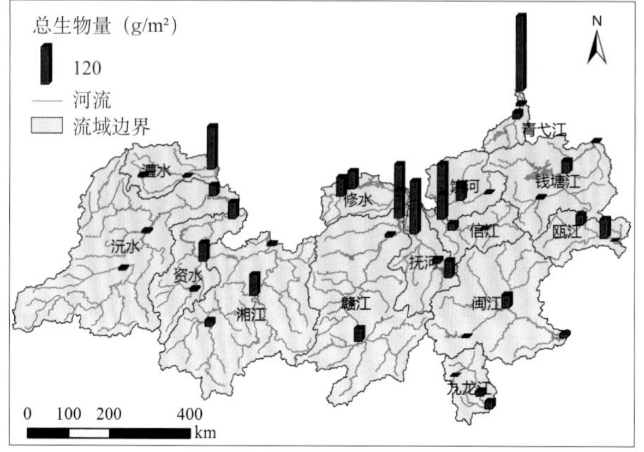

不同河段丰水期底栖动物密度和生物量的类群组成差异显著。密度总体以腹足纲、双壳纲、甲壳纲在大部分河段占据优势，部分河段耐污类群寡毛纲优势度高，如九龙江下游城市河段。各河流生物量总体以腹足纲和双壳纲占据优势。敏感类群 EPT 昆虫（蜉蝣目、襀翅目、毛翅目）密度在部分上游河段占据一定优势，耐污类群寡毛类密度和生物量在九龙江下游城市河段占绝对优势，多毛纲仅在入海处河流下游河段发现。

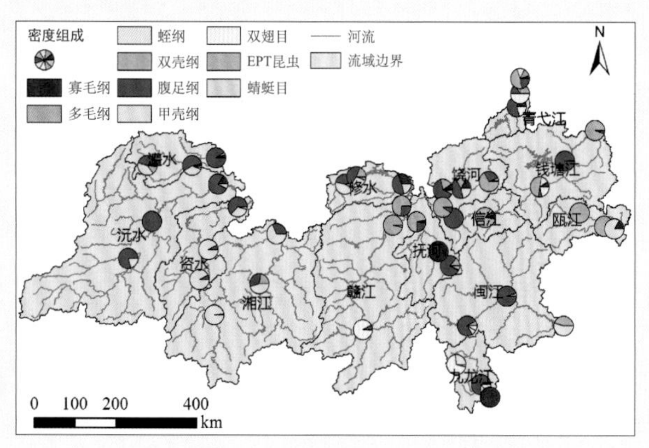

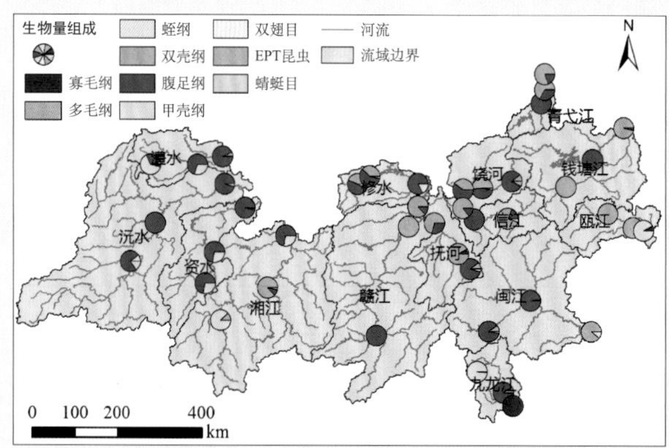

鄱阳湖水系各河流下游双壳纲密度最高，腹足纲广泛分布于各河流，空间趋势不明显。寡毛纲在九龙江下游密度最高。多毛纲在钱塘江下游密度最高。蜻蜓目和敏感类群EPT昆虫幼虫主要分布在中上游河段。甲壳纲密度总体较高，蛭纲密度总体较低，甲壳纲和蛭纲在各水系河流空间变化特征不明显。

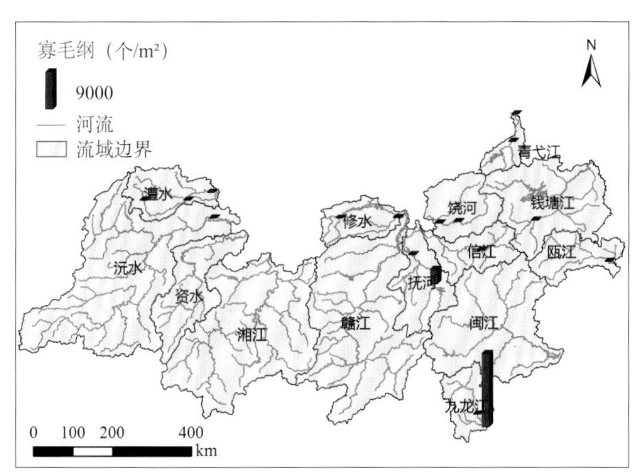

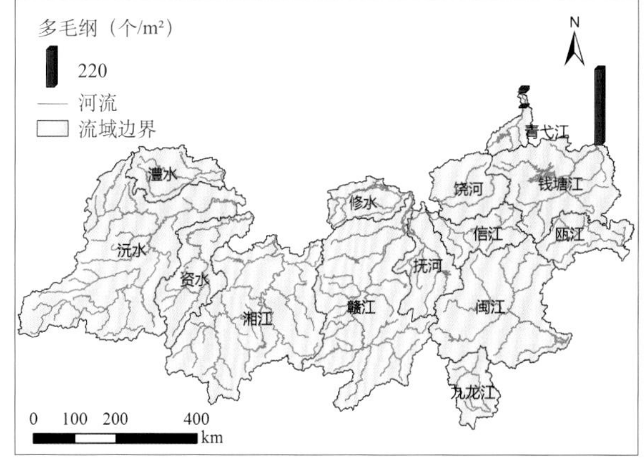

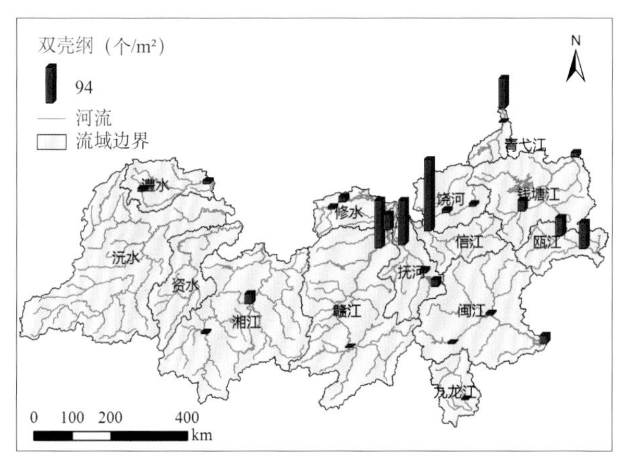

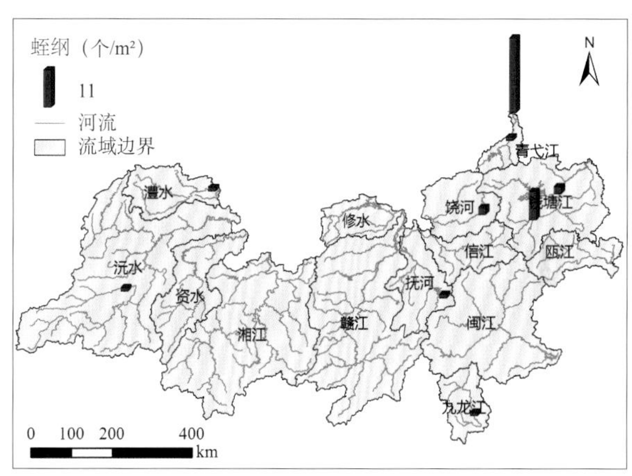

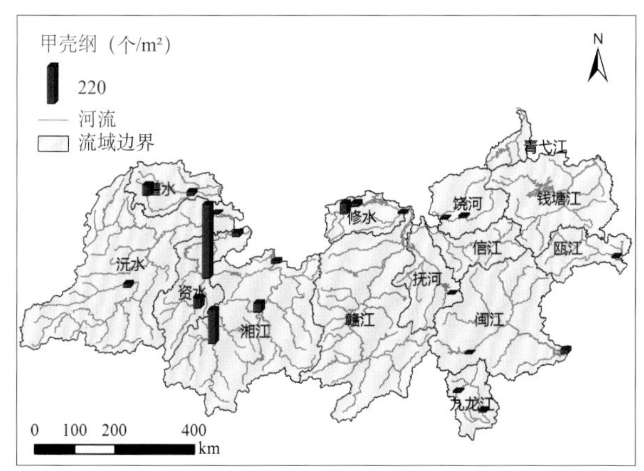

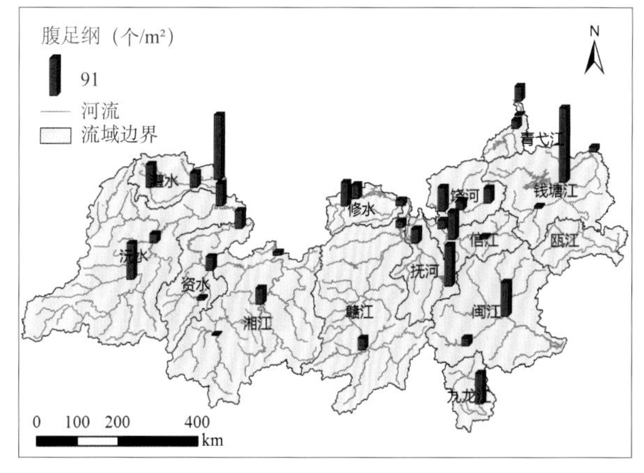

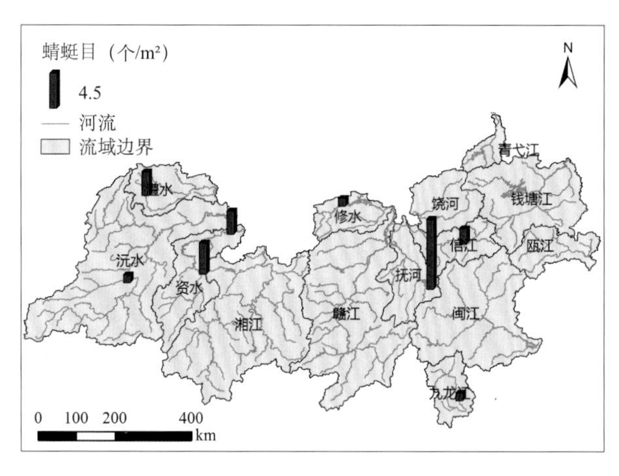

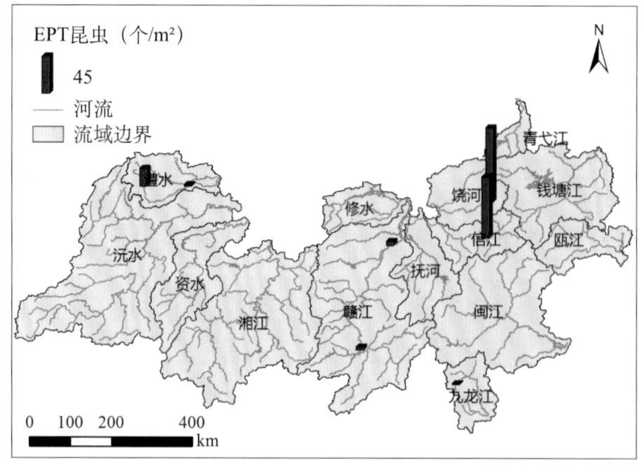

双壳纲生物量在鄱阳湖水系相对较高。腹足纲和双翅目生物量空间变化特征不显著。甲壳纲在各河段广泛分布。寡毛纲生物量在九龙江下游最高，多毛纲生物量最高值在钱塘江下游。蛭纲、蜻蜓目和EPT昆虫生物量总体较低。

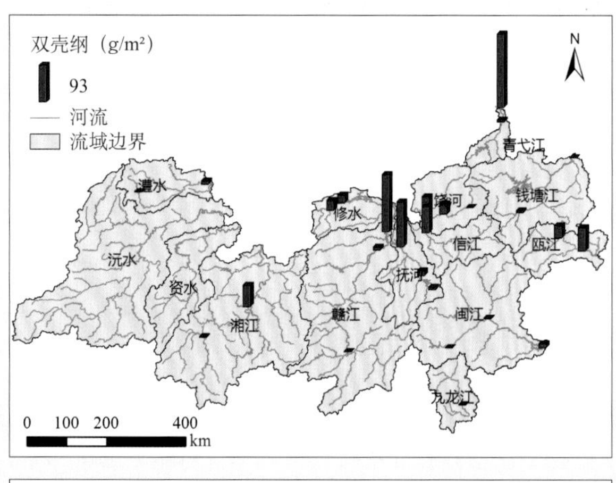

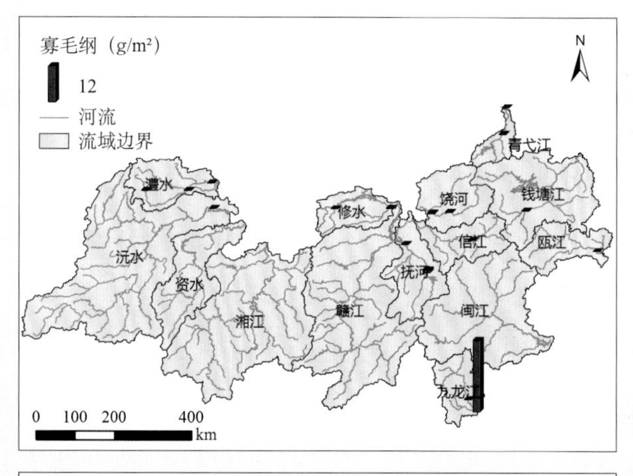

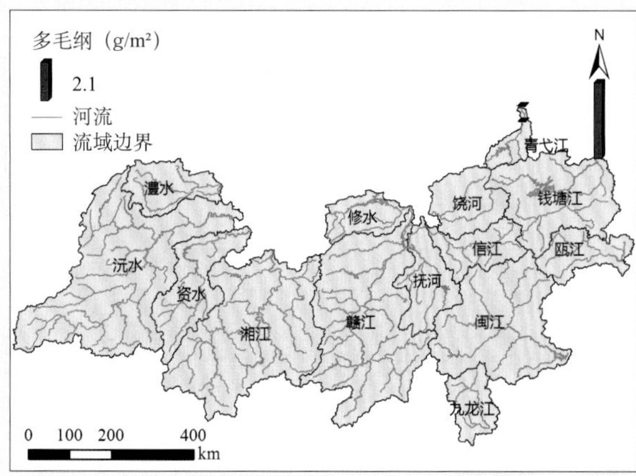

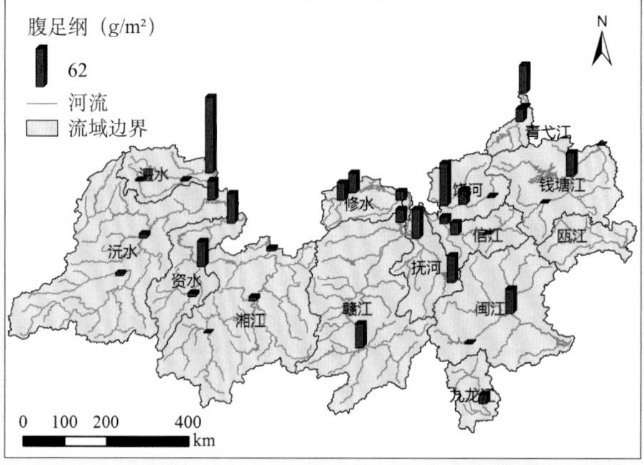

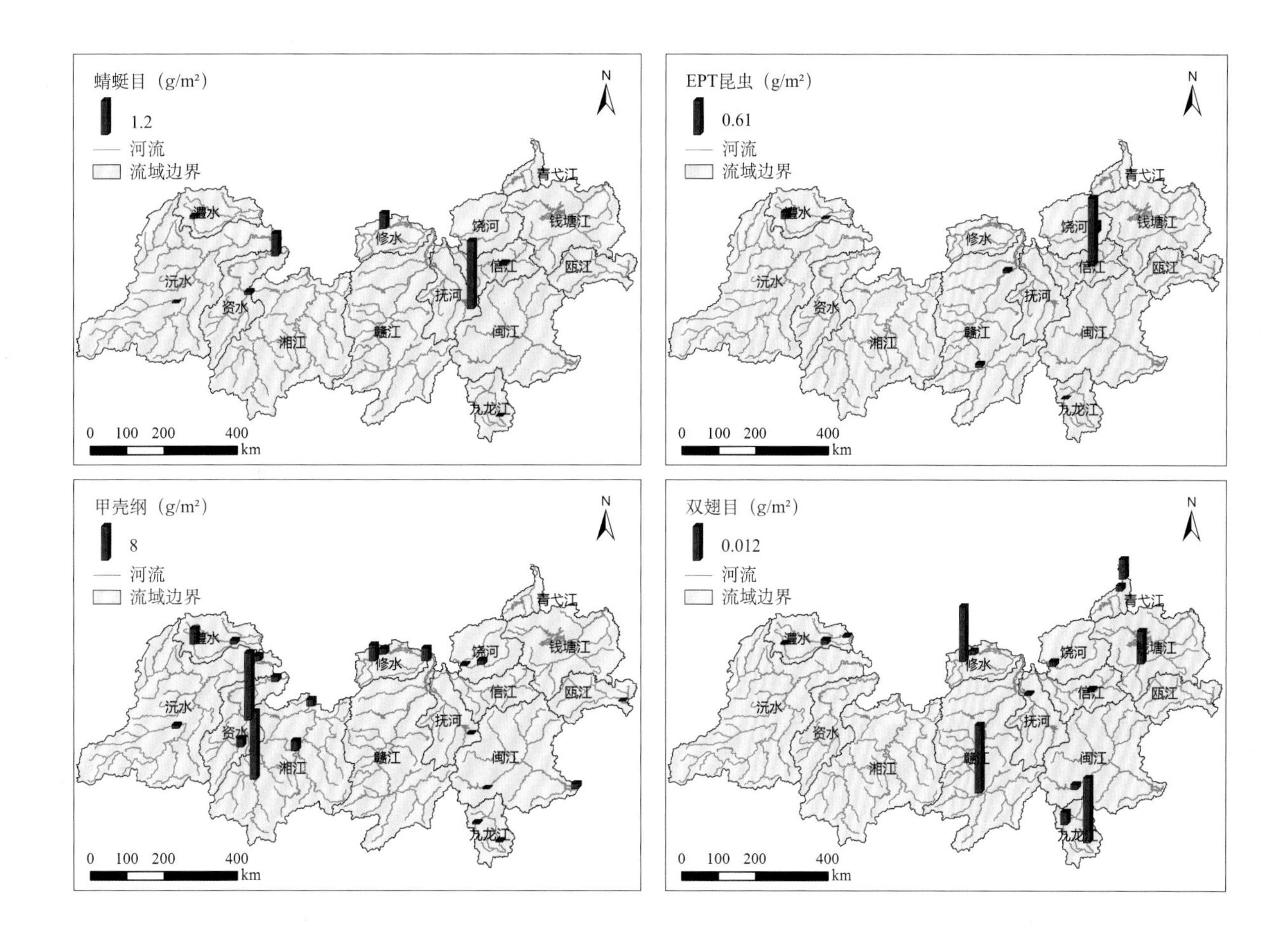

枯水期各调查河段底栖动物密度和生物量空间差异显著。底栖动物总密度介于 1～372 个 /m^2，总生物量介于 0.003～326.7 g/m^2。鄱阳湖水系河流下游密度和生物量较低。

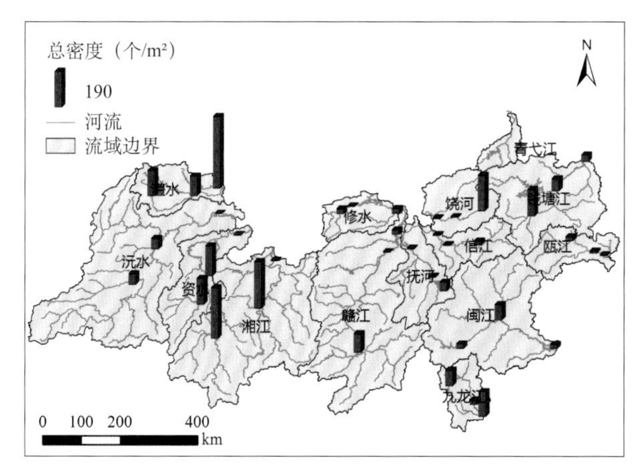

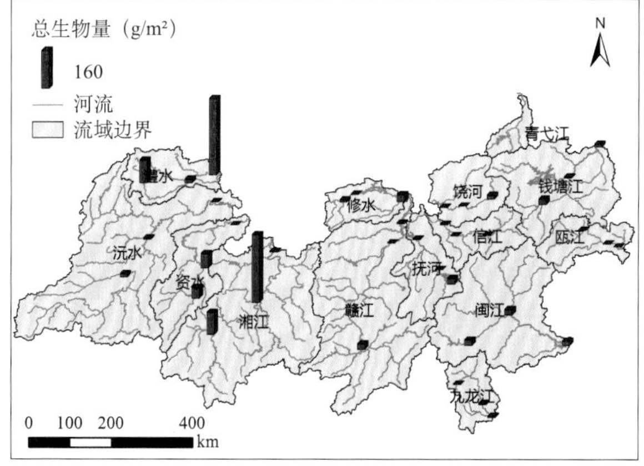

密度方面，腹足纲在 21 个河段占优，双壳类在 7 个河段占优，甲壳类和双翅目占据优势的河段数量分别为 9 个和 8 个，耐污类群寡毛类在瓯江和九龙江下游占优势。生物量方面，腹足类和双壳类占优势河段数分别为 20 个和 9 个，甲壳类占优势的河段有 8 个，寡毛类在瓯江下游占据优。

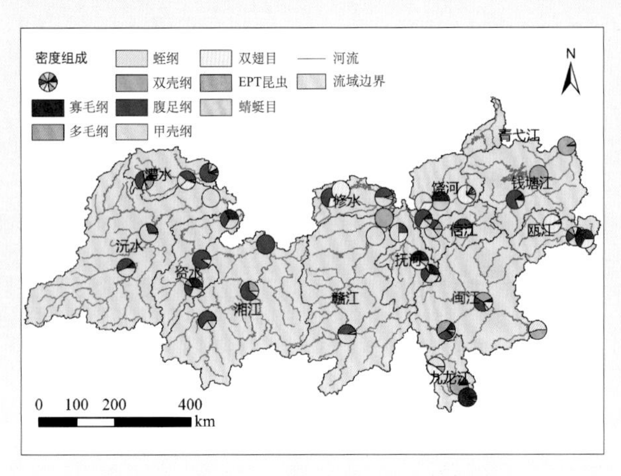

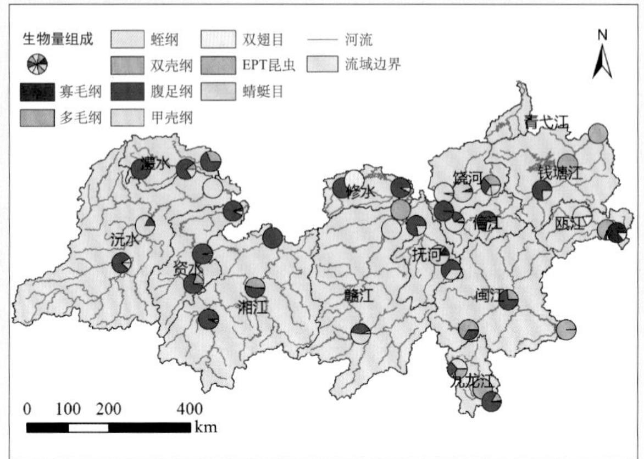

丰水期底栖动物主要类群密度空间差异显著，寡毛纲总体在下游河段密度较高，多毛类仅分布在入海的下游河段。双壳纲和腹足在不同水系间差异不显著。鄱阳湖水系甲壳纲密度较低。双翅目密度在中下游相对较高，敏感类群 EPT 昆虫在中上游密度较高。

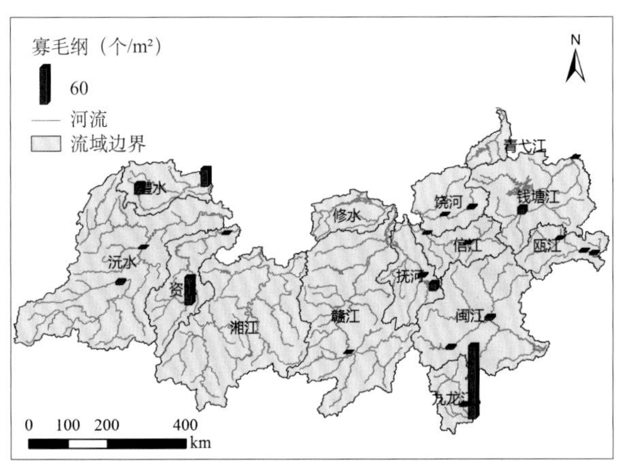

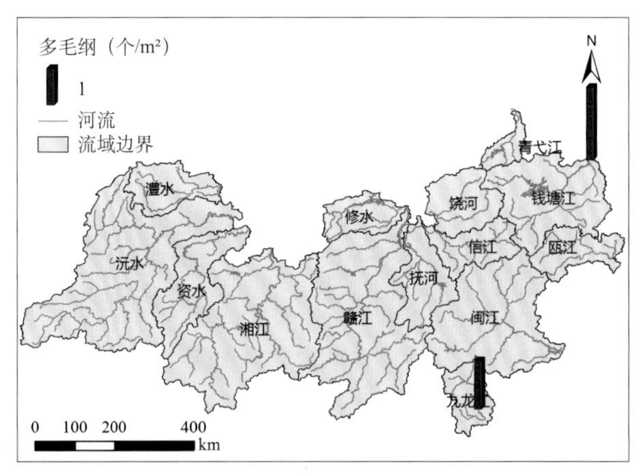

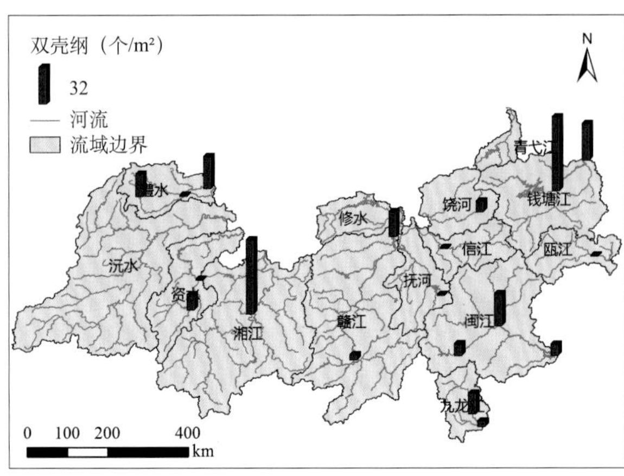

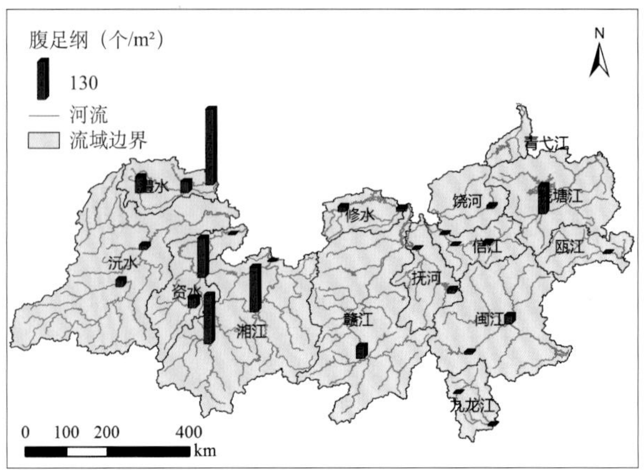

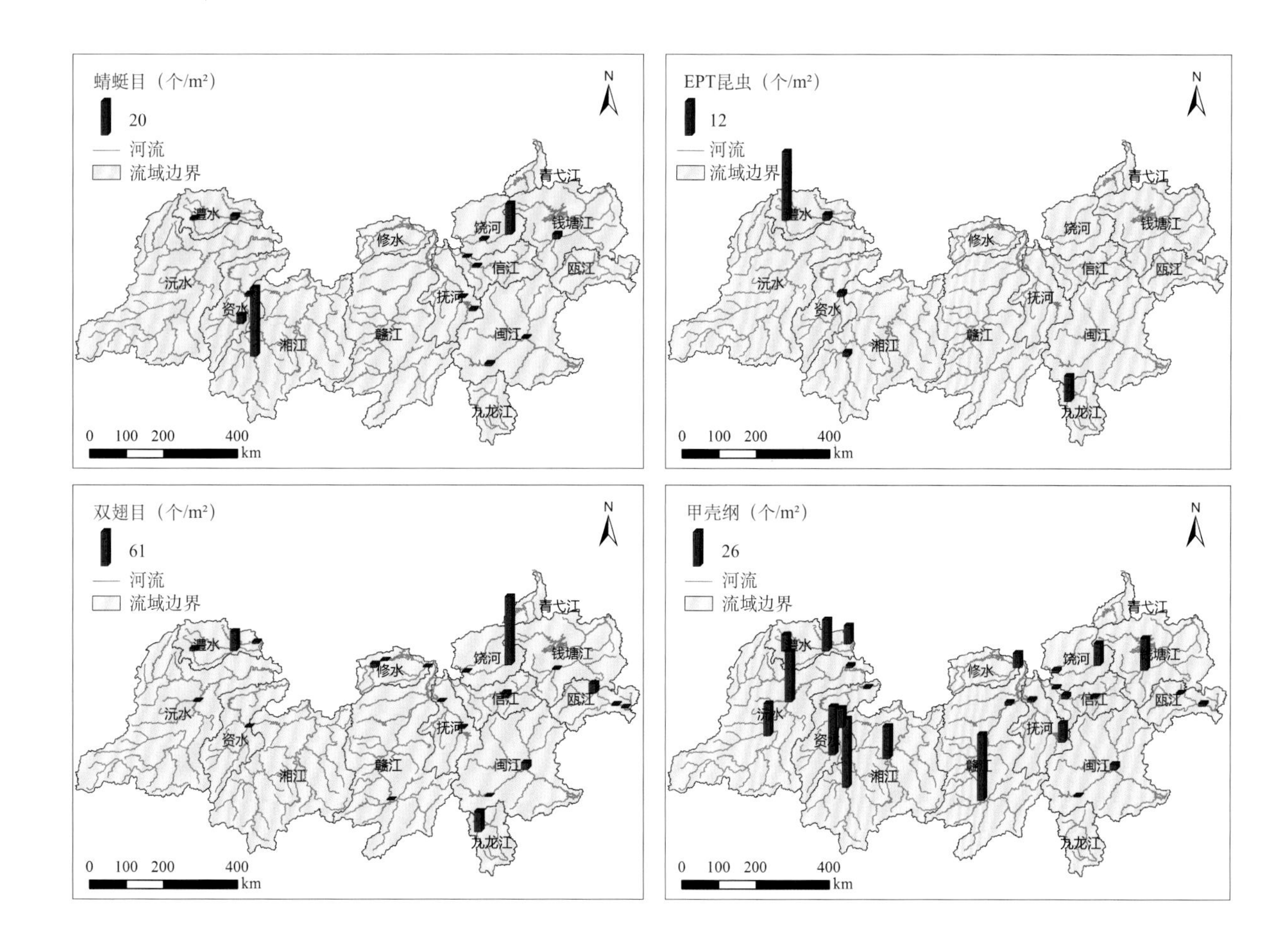

丰水期底栖动物主要类群生物量空间差异显著，寡毛类在中下游较高，多毛纲在钱塘江和九龙江下游最高，蛭纲空间分布特征不明显。双壳纲除在部分河段较高外，其余河段差异较小。甲壳纲生物量空间分布特征不明显。双翅目生物量在中下游较高，EPT 昆虫和蜻蜓目生物量高值主要出现在中上游。动物主要类群密度和生物量空间差异显著。

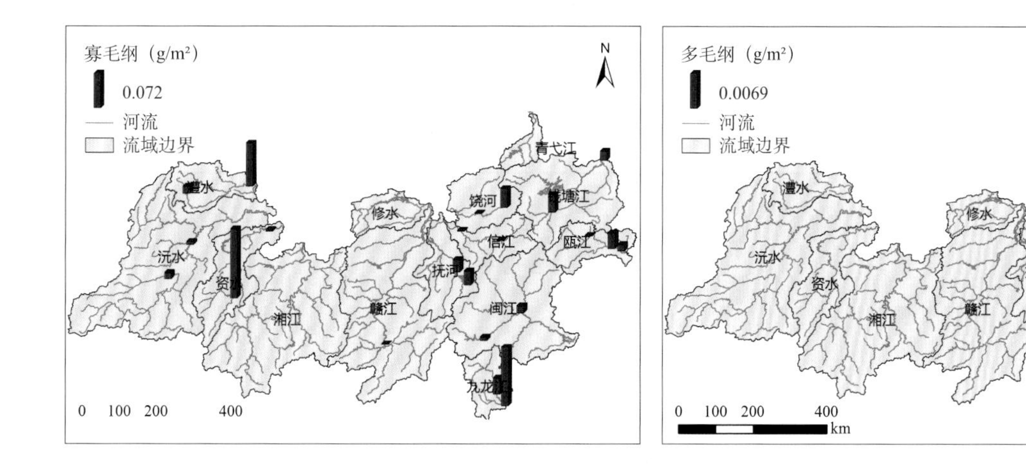

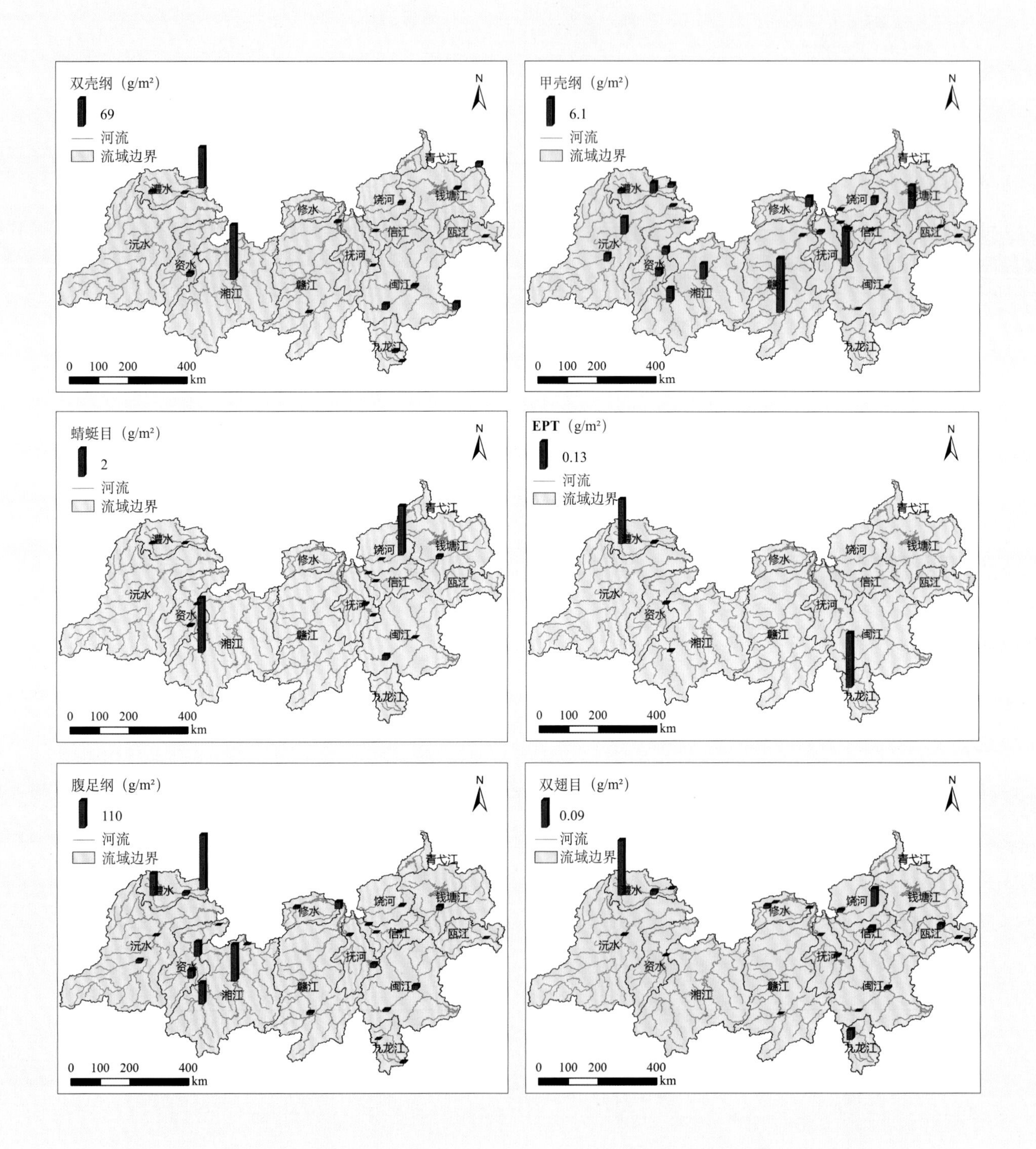

双壳纲（g/m²）
69
河流
流域边界
澧水
沅水
资水
湘江
修水
赣江
抚河
饶河
信江
青弋江
钱塘江
瓯江
闽江
九龙江
0 100 200 400
km
甲壳纲（g/m²）
6.1
蜻蜓目（g/m²）
2
EPT（g/m²）
0.13
腹足纲（g/m²）
110
双翅目（g/m²）
0.09

底栖动物密度和生物量在丰水期和枯水期存在差异。总密度、腹足纲密度在丰水期高于枯水期。总生物量、双壳纲和腹足纲生物量在丰水期较高（注：密度数据经对数 log 转换）。

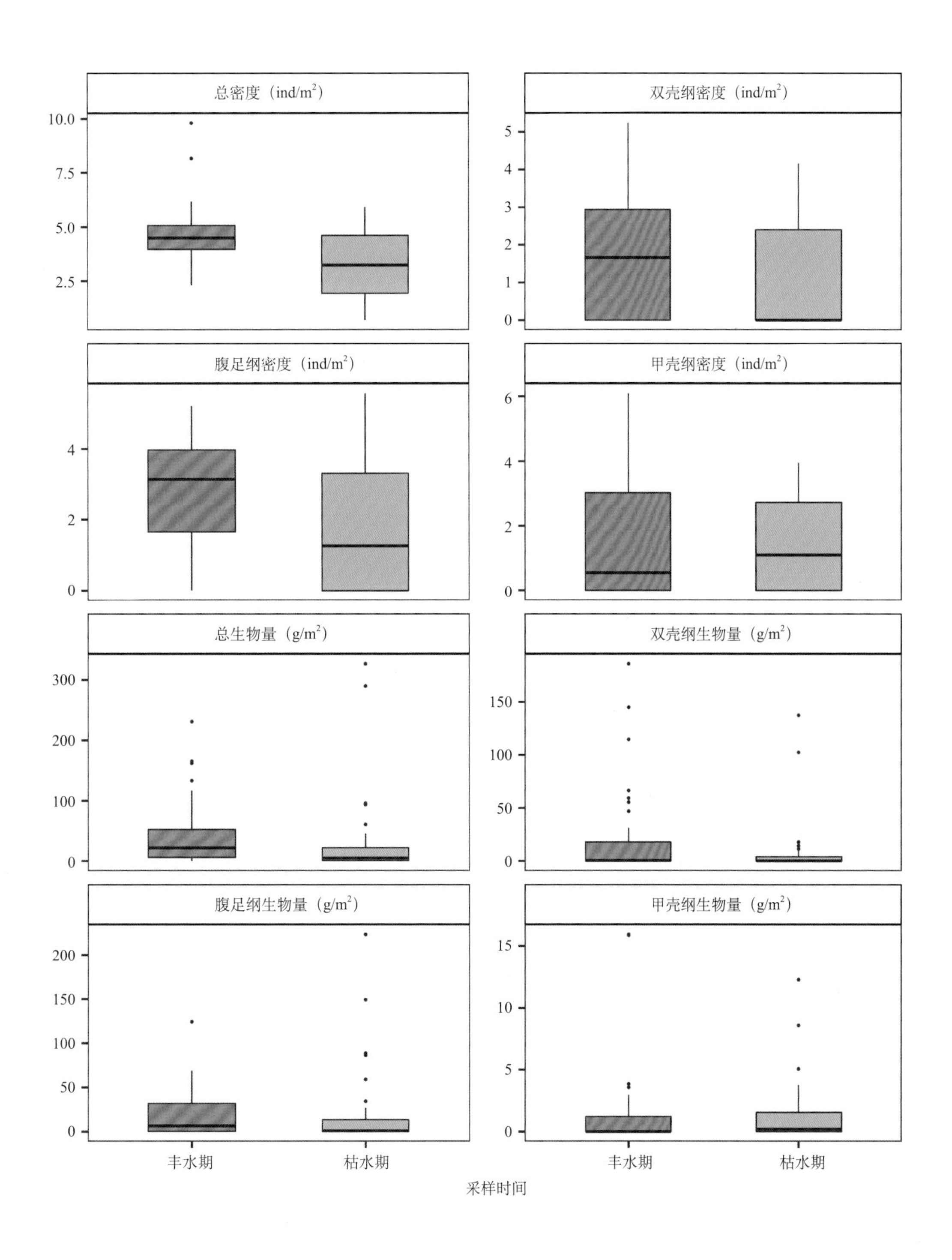

底栖动物及主要类群的密度和生物量在上游、中游、下游差异不显著。

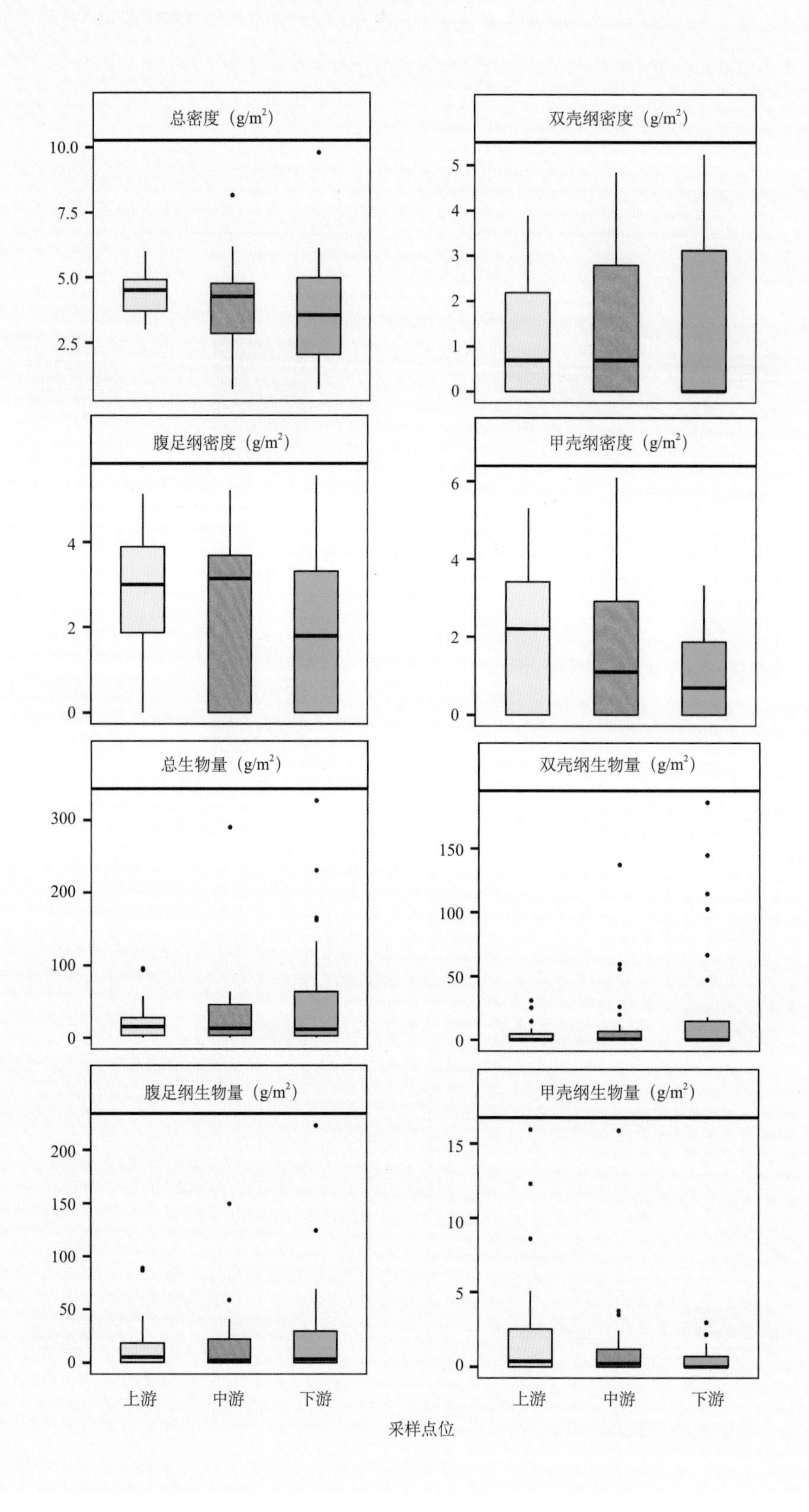

底栖动物多样性空间差异显著，底栖动物物种数范围为 4～22，平均值为 10.5 种；Shannon-Wiener 多样性指数范围为 0.02～2.47，多样性总体上表现为上游高于中游和下游。

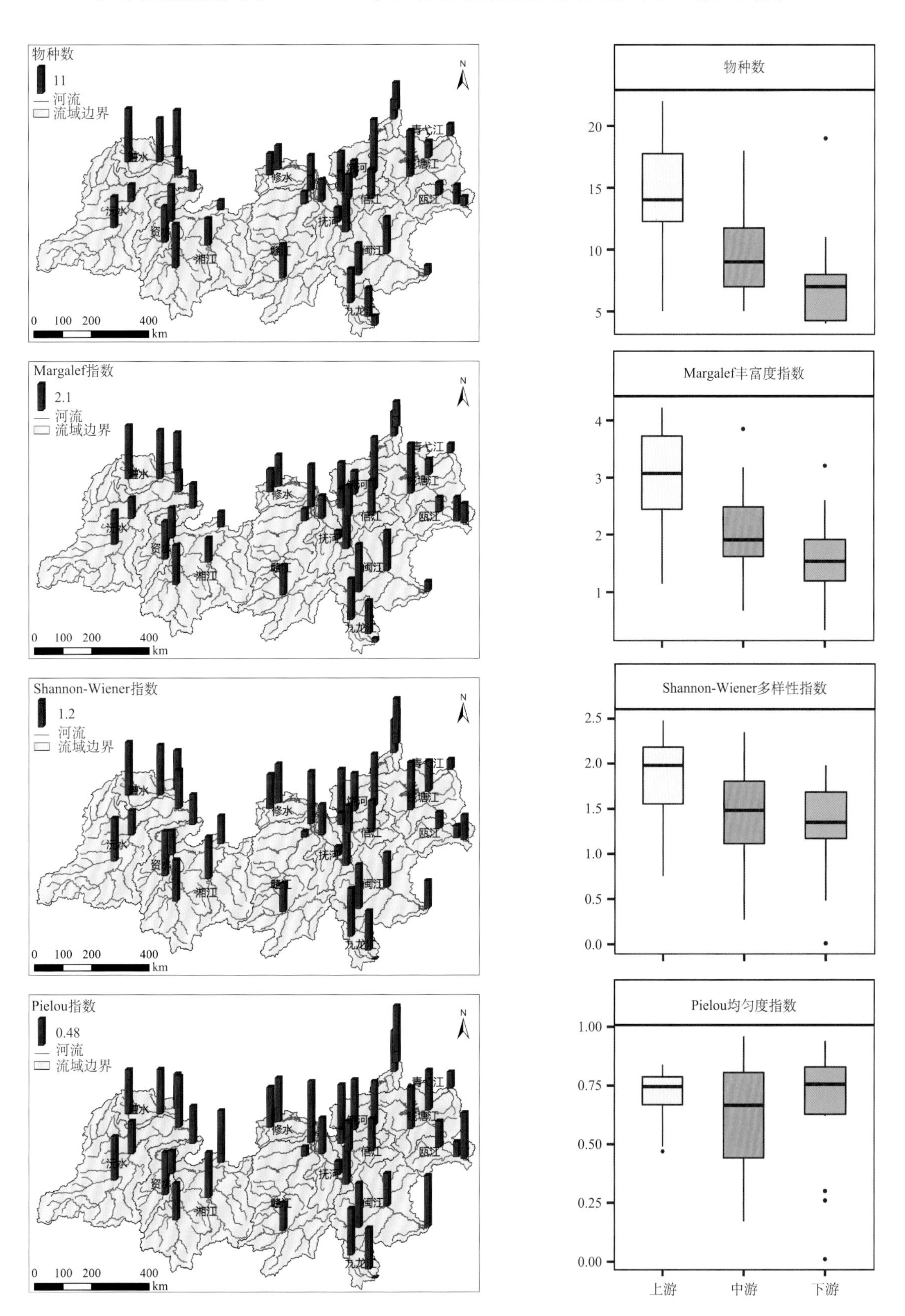

各调查河段底栖动物评价指数差异显著。BMWP 指数介于 7.2～96.6，均值为 38.7，处于“一般”状态的样点数最多，占总样点数的 54.7%。Shannon-Wiener 指数介于 1.0～2.0 的样点数最多，占 64.3%。上游评价指数得分均最高，表明其生态环境质量最优，下游评价指数得分最低，表明受人类干扰强烈，中游生境环境质量处于中间水平。

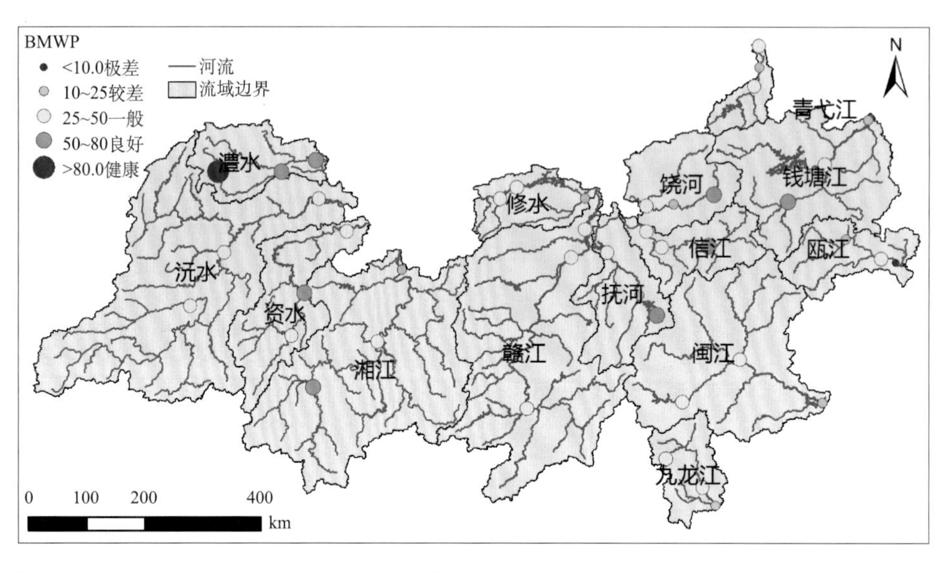

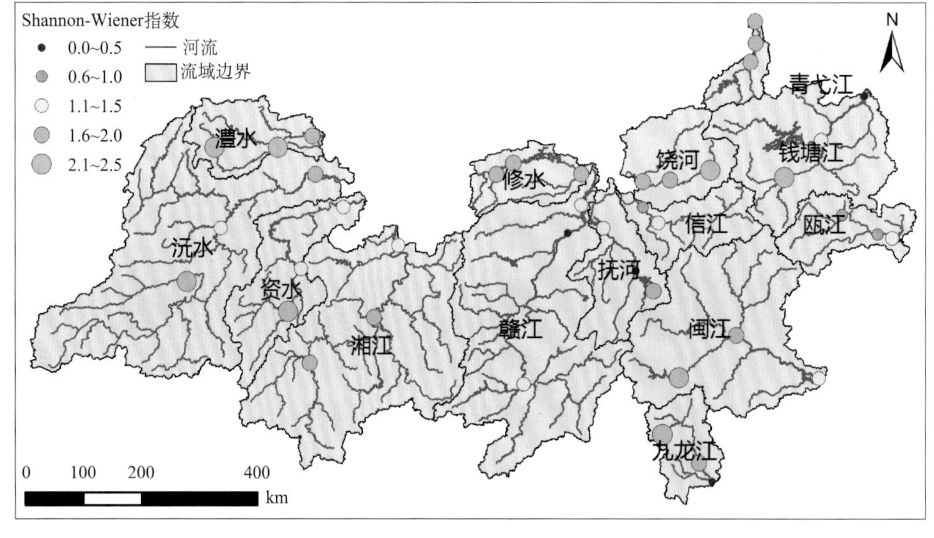

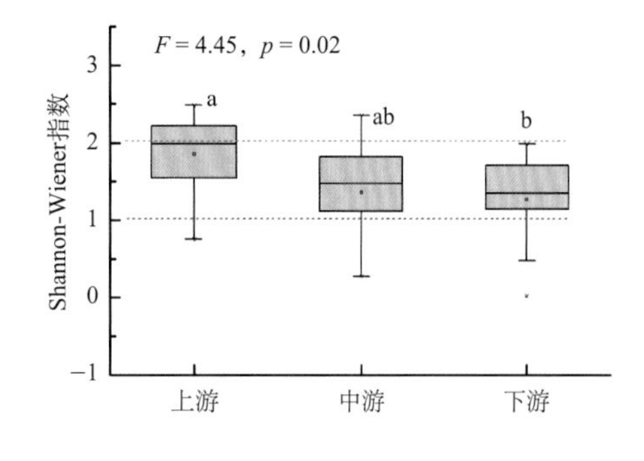

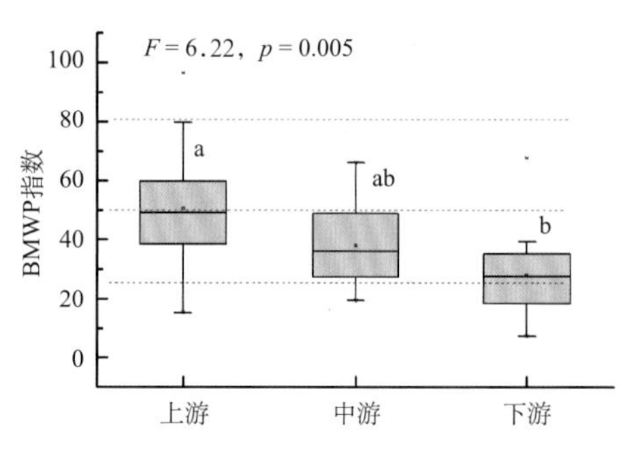

2.2 我国南方丘陵山区主要水库水环境专题图集

2.2.1 2012—2015 年我国南方丘陵山区主要水库水质

我国南方丘陵山区典型水库丰水期水质分析结果显示，水体 pH 最高值和最低值分别于凤滩水库和江口水库检出；溶解氧含量水库间差异较大，凤滩水库最低，陈村水库最高，其次为双牌水库和横锦水库；水体悬浮物最高值于水府庙水库检出，最低值于新安江水库检出。

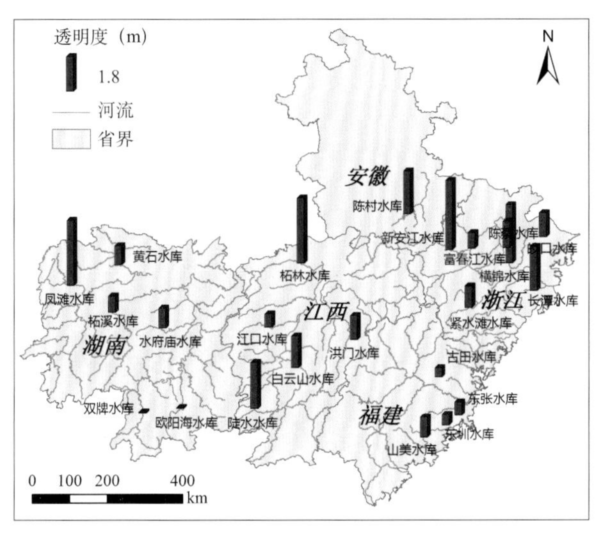

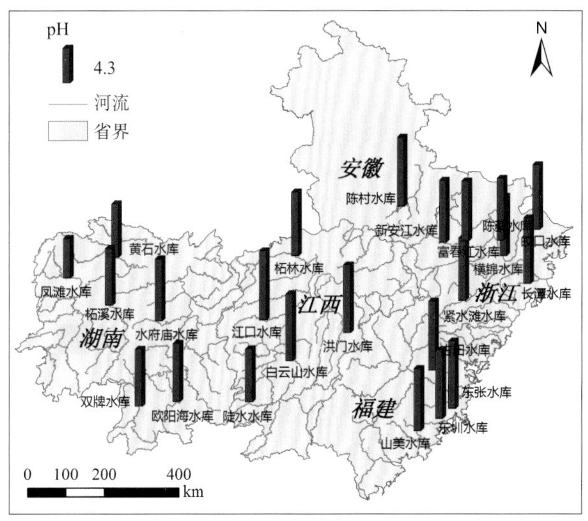

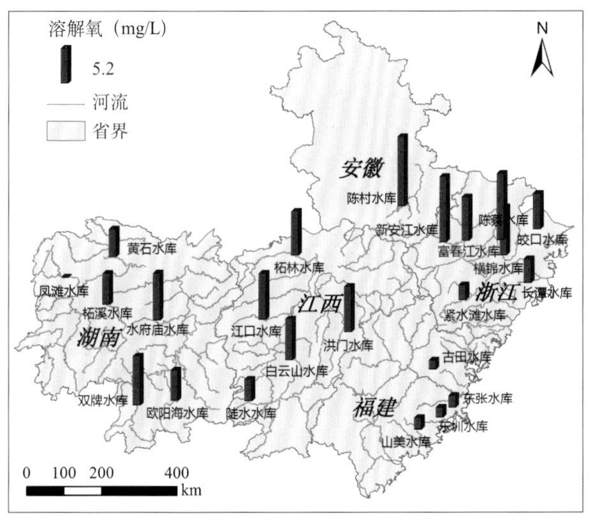

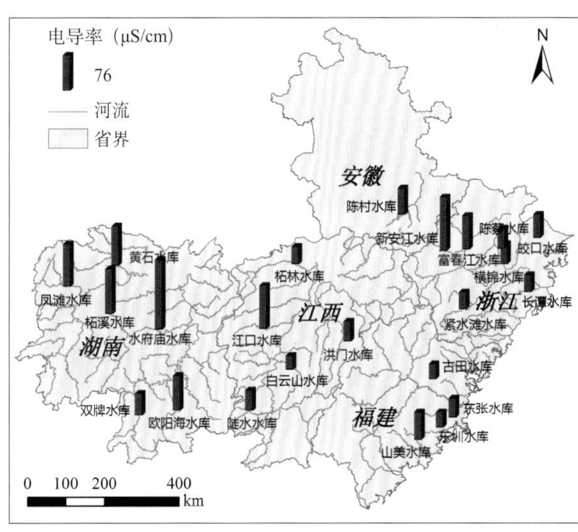

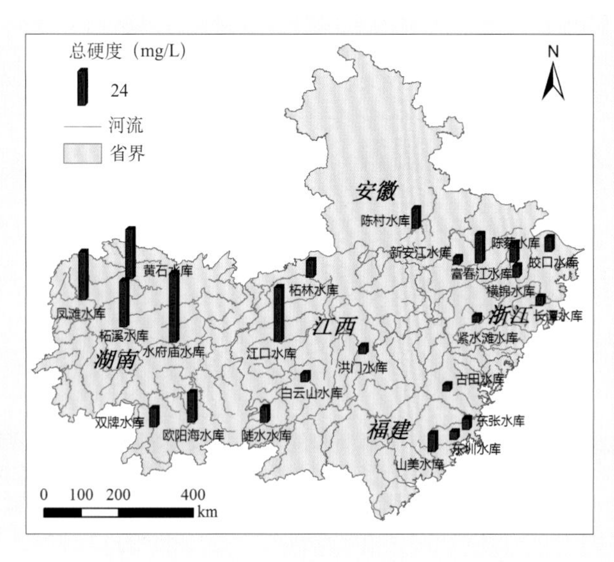

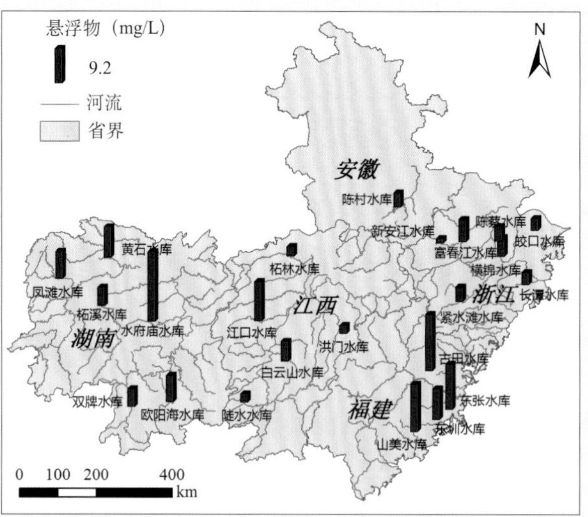

我国南方丘陵山区典型水库枯水期水质分析结果显示，水体pH最高值和最低值分别于山美水库和富春江水库检出；溶解氧含量水库间差异较大，东圳水库最低，陈蔡水库最高；水体悬浮物最高值于白云山水库检出，其次为欧阳海水库和双牌水库，最低值于长潭水库检出。

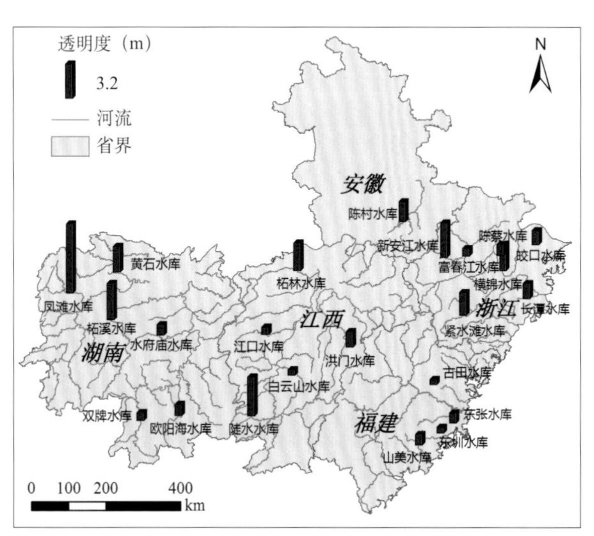

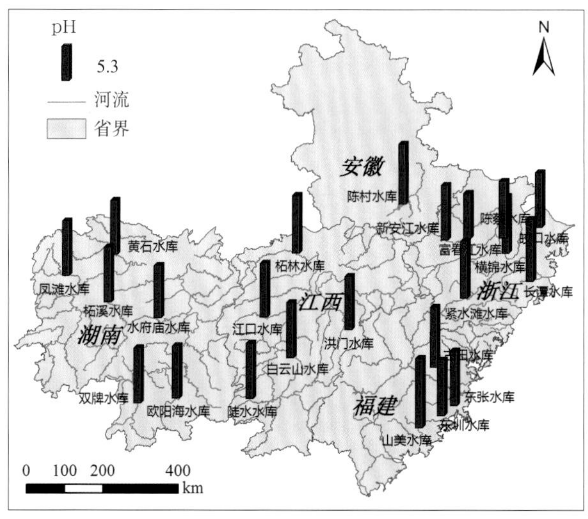

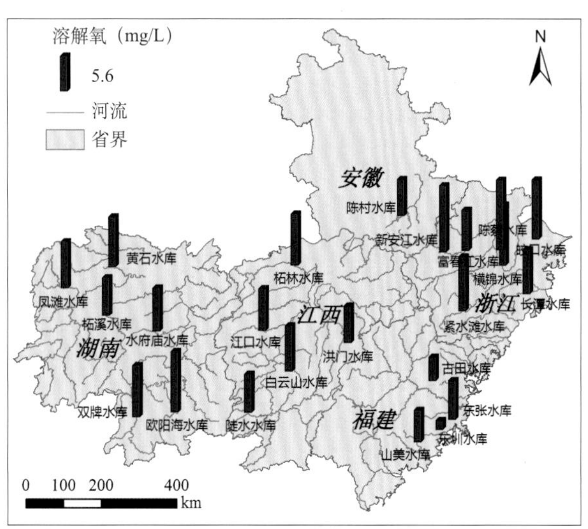

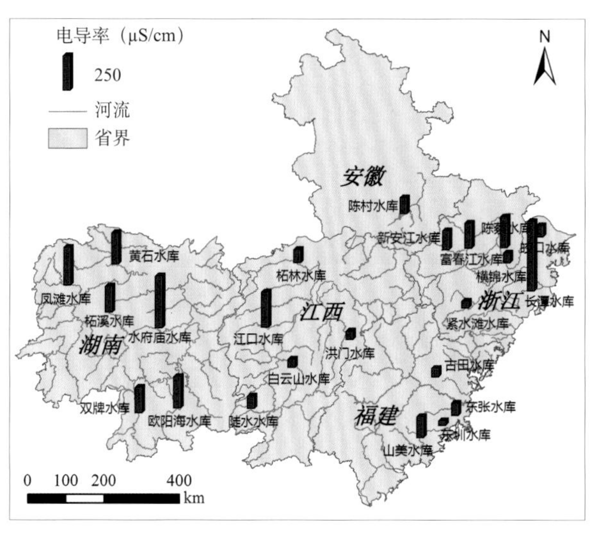

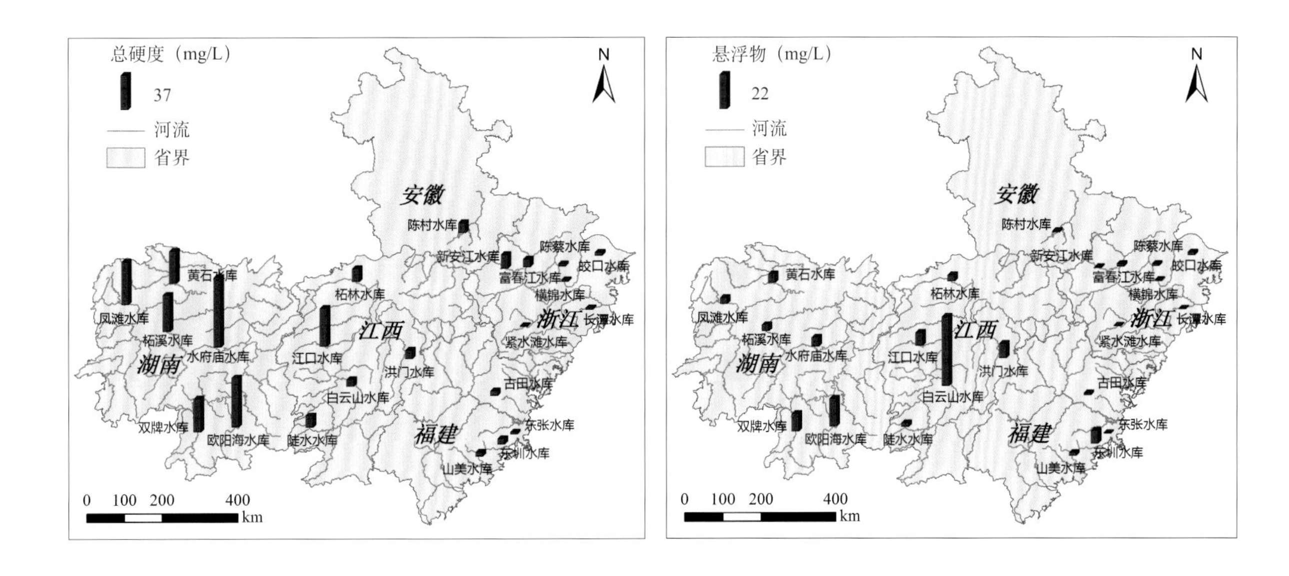

我国南方丘陵山区典型水库水体常规理化指标含量季节差异分析显示，溶解氧、pH、电导率、氧化还原电位以及矿化度等指标枯水期高于丰水期，水体透明度以及悬浮物和总硬度则表现为丰水期和枯水期相当。

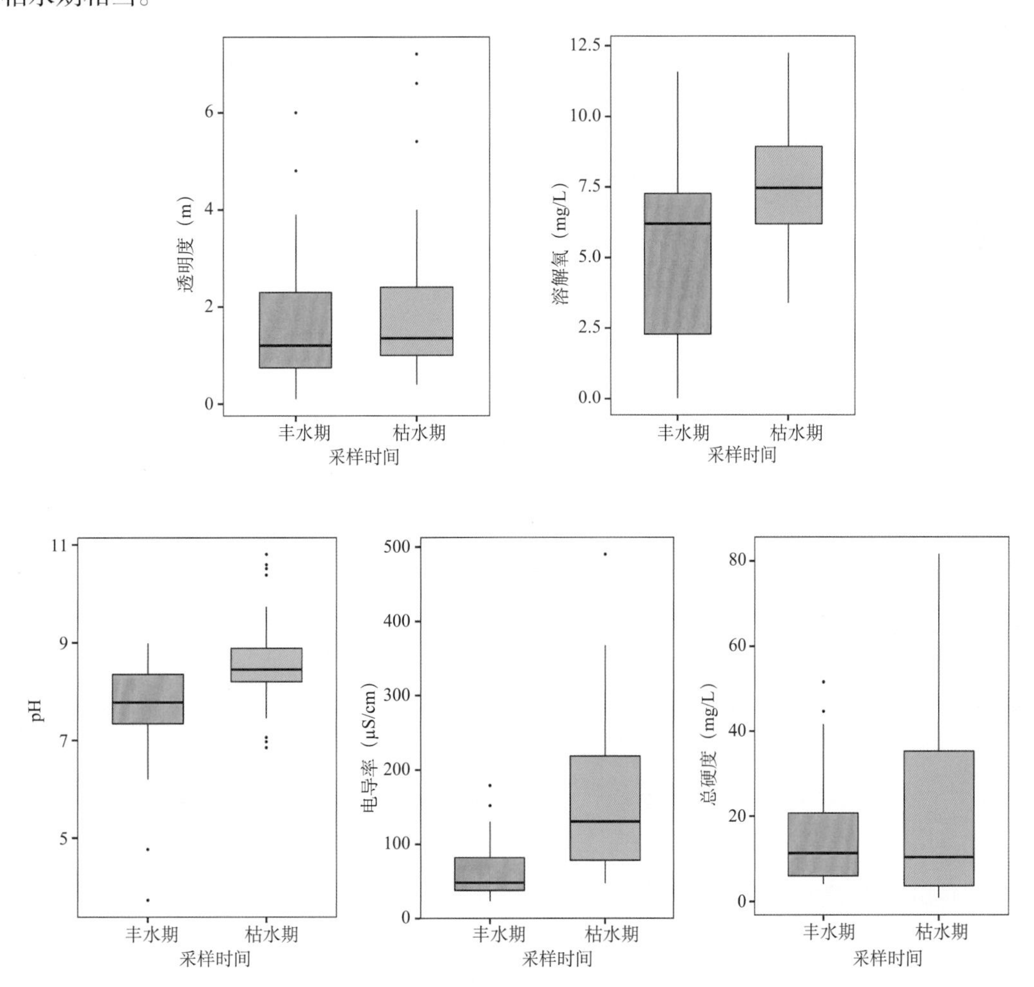

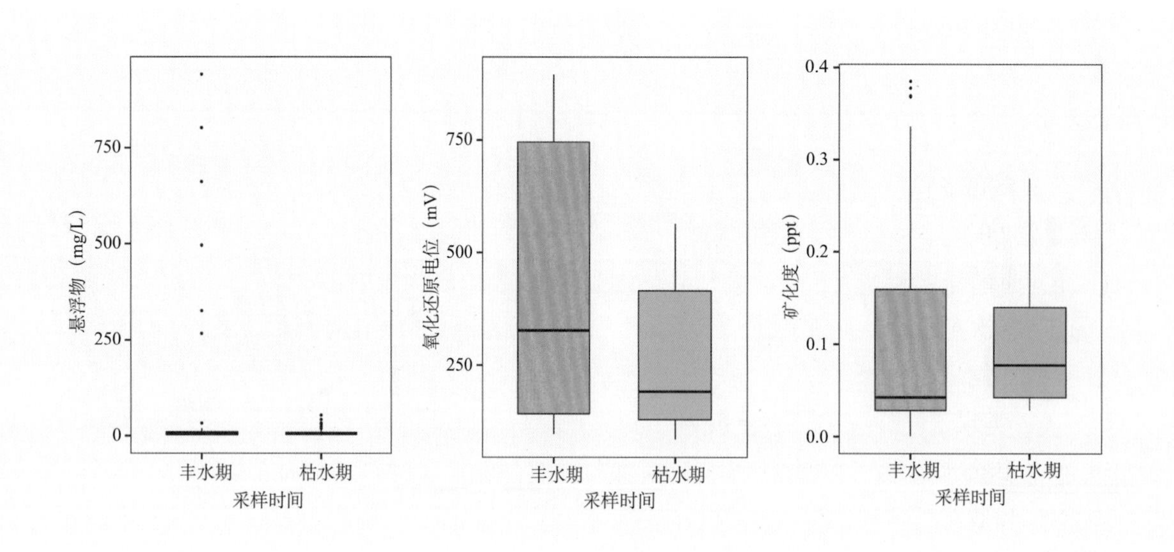

我国南方丘陵山区典型水库丰水期水体总磷含量最高值和最低值分别位于双牌水库和柘林水库；总氮含量最高值和最低值分别位于山美水库和长潭水库。

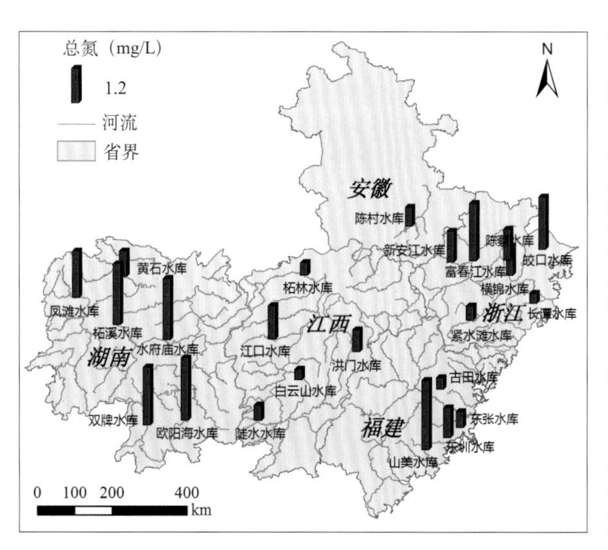

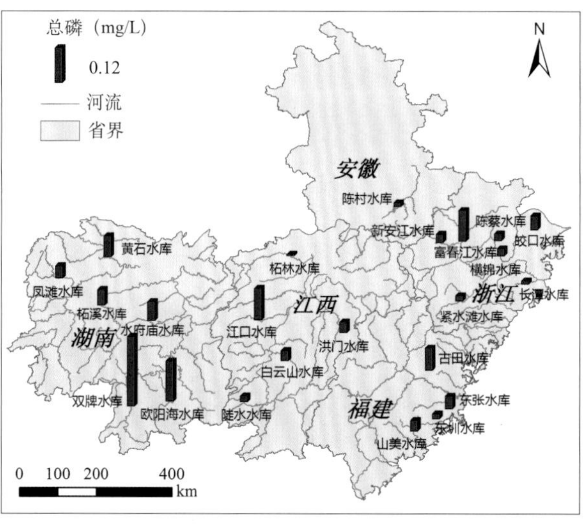

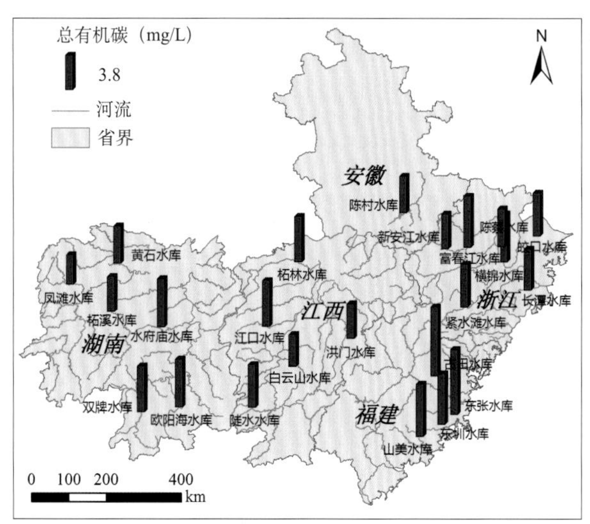

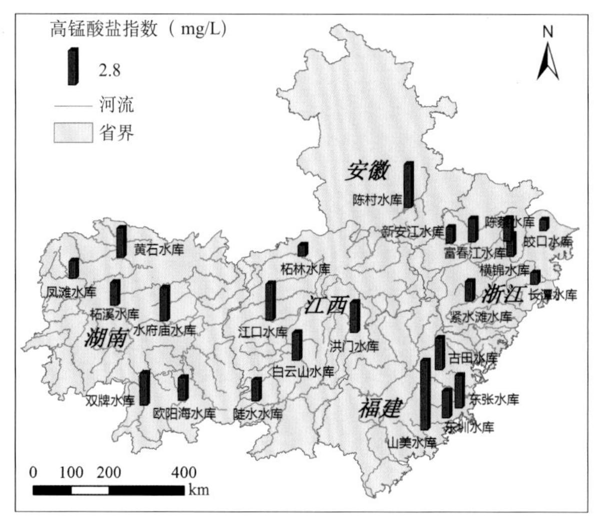

选取高锰酸盐指数、氨氮、总磷、总氮作为水质评价指标，依据《地表水环境质量标准》（GB 3838—2002）对我国南方丘陵山区典型水库水质类别评价结果表明，浙江省内以富春江水库和皎口水库水质最差，符合 V 类水水质标准，总氮是主要的污染物，紧水滩水库水质状况较好，为 II 类水水质，其次为长潭水库，符合 III 类水水质标准。福建省内山美水库水质状况最差，已为劣 V 类水，其中总氮是主要的污染物，古田水库和东圳水库均为 IV 类水。安徽省陈村水库水质状况较好，符合 III 类水水质标准。江西省内水库水质类别评价显示，除江口水库水体污染较重，水质为 IV 类水外，其余水库均符合 III 类水水质标准。湖南省内水库水质污染较为严重，其中水府庙水库、欧阳海水库和双牌水库综合指标评价已为劣 V 类水，主要污染物为总氮，柘溪水库整体水质状况较好。

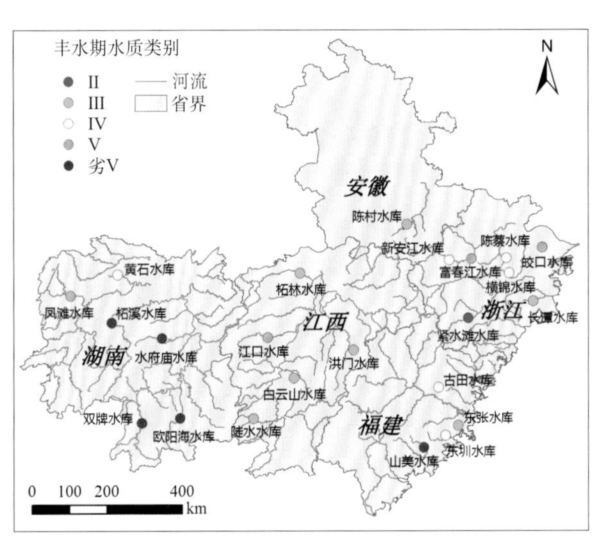

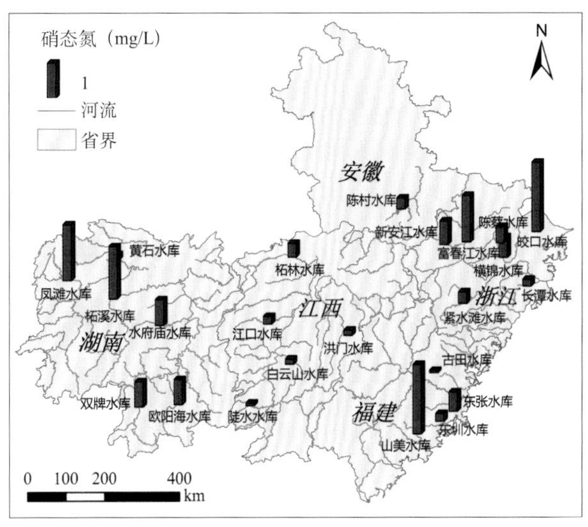

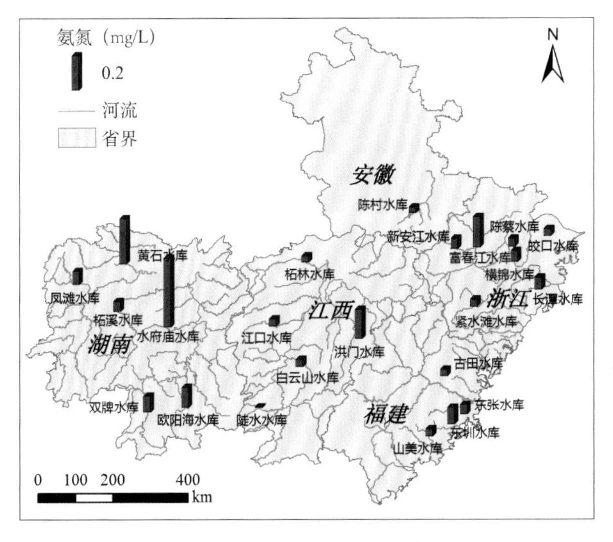

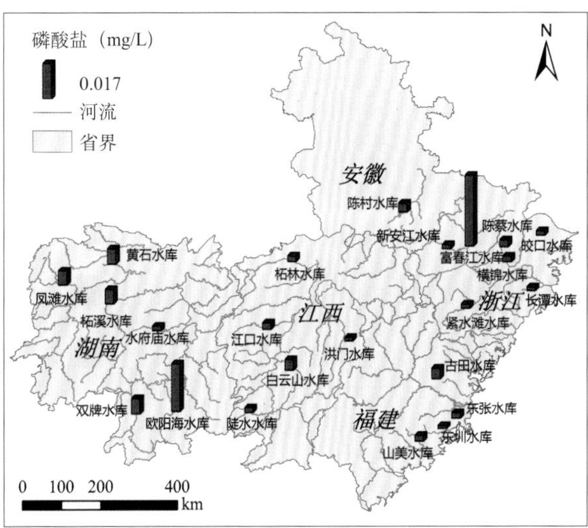

我国南方丘陵山区典型水库枯水期水体总磷含量高于丰水期，白云山水库最高，其次为江口水库和古田水库；总氮含量最高值和最低值分别位于山美水库和陡水水库。

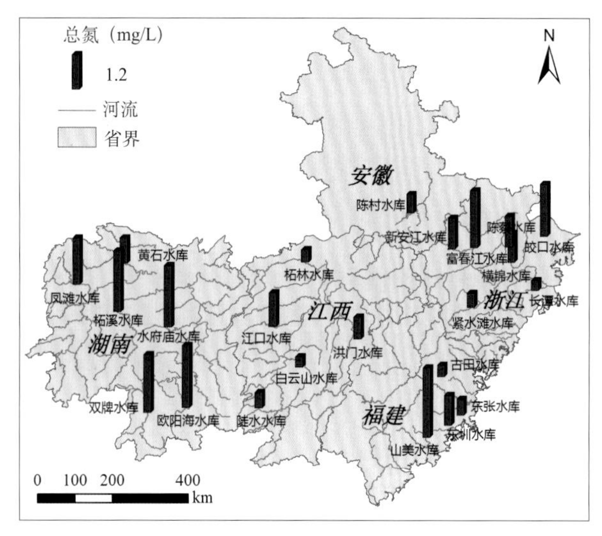

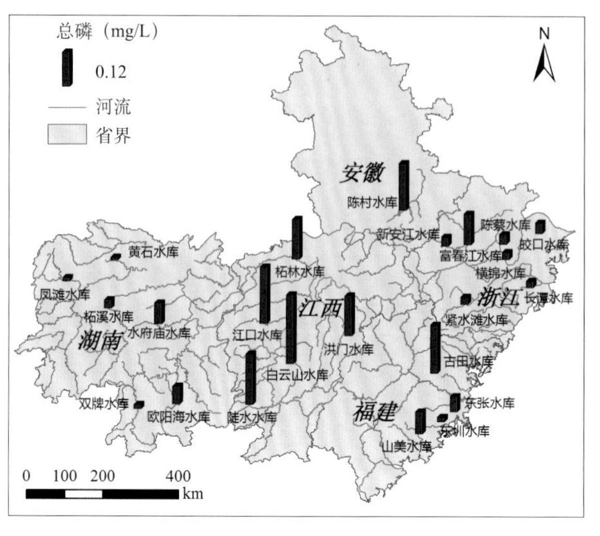

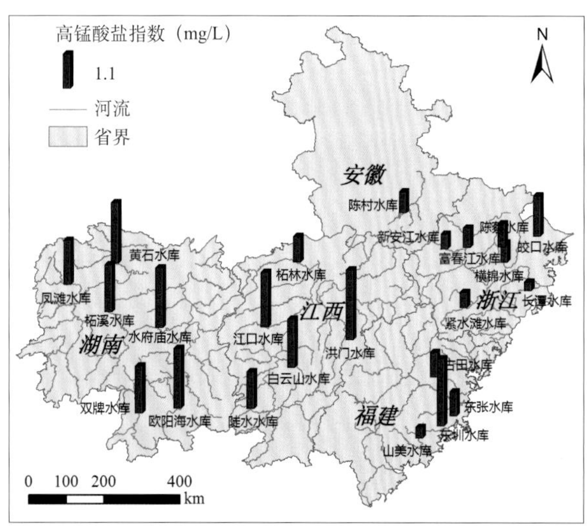

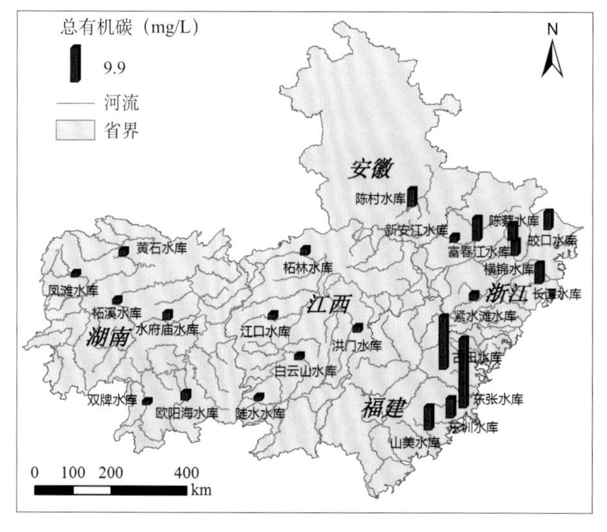

我国南方丘陵山区水库枯水期水质污染状况普遍差于丰水期，普遍呈现 IV 类到劣 V 类水质，其中浙江省长潭水库由 III 类水下降为 IV 类，紧水滩水库由 II 类下降为 V 类，陈蔡水库和富春江水库均呈现为劣 V 类水；福建省东张水库亦由丰水期的 III 类水质下降为劣 V 类水质；江西省内水库枯水期水质下降明显，枯水期普遍呈现为 V 类到劣 V 类水质；湖南省欧阳海水库和双牌水库枯水期水质略好于丰水期。

我国南方丘陵山区典型水库水质类别整体表现为丰水期优于枯水期，丰水期部分水库水质可达 II 类或 III 类水水质标准，主要污染物为总氮，枯水期水质明显下降，水质类别评价整体呈现为 IV 类到劣 V 类水水质标准，主要污染物为氨氮和总氮，水库总磷污染负荷相对较低。

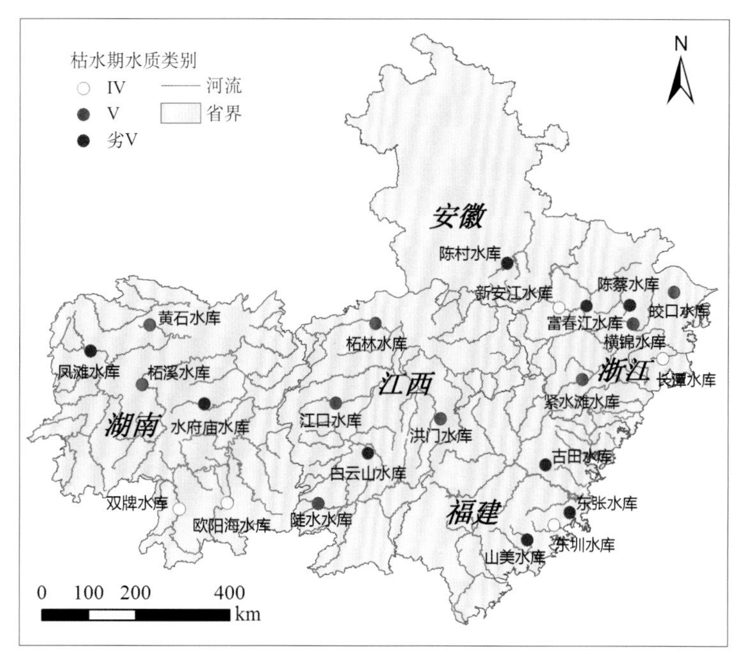
枯水期水质类别
IV
V
劣V
河流
省界
N
安徽
浙江
江西
湖南
福建
陈村水库
新安江水库
陈蔡水库
富春江水库
皎口水库
横锦水库
长潭水库
紧水滩水库
古田水库
东张水库
东圳水库
山美水库
黄石水库
凤滩水库
柘溪水库
水府庙水库
柘林水库
江口水库
洪门水库
白云山水库
双牌水库
欧阳海水库
陡水水库
0 100 200 400
km

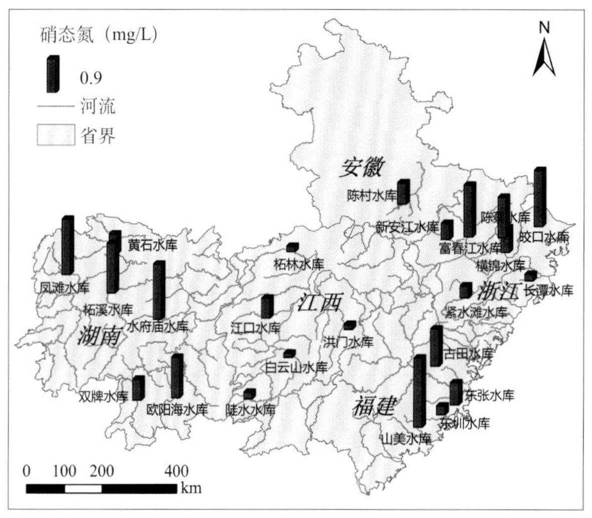
硝态氮（mg/L）
0.9
河流
省界
N
0 100 200 400
km

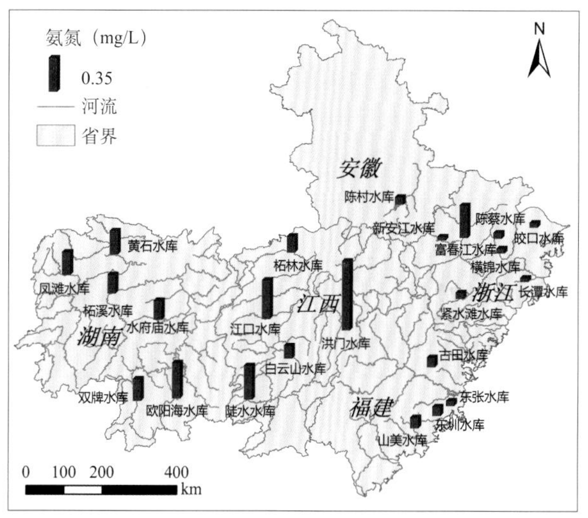
氨氮（mg/L）
0.35
河流
省界
N
0 100 200 400
km

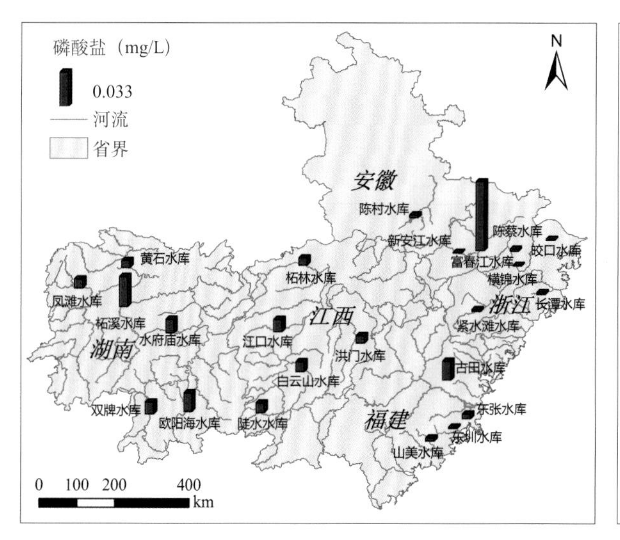
磷酸盐（mg/L）
0.033
河流
省界
N
0 100 200 400
km

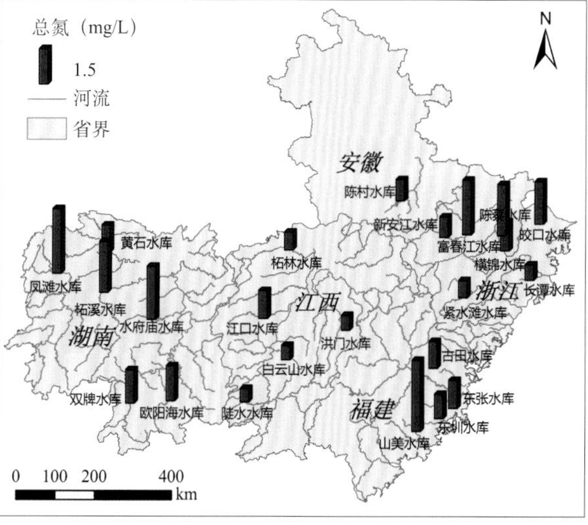
总氮（mg/L）
1.5
河流
省界
N
0 100 200 400
km

选取叶绿素 a、透明度、总磷、总氮和高锰酸盐指数，采用综合营养状态指数法（TLI）对水库水体营养状态进行评价。

丰水期水库普遍处于中营养到富营养水平。其中，福建省内古田水库、东圳水库、东张水库丰水期水体已达富营养化水平。江西省江口水库和湖南省水府庙水库同样表现为富营养化水平，鄱阳湖水系和洞庭湖水系内所调查水库普遍为中营养水平。

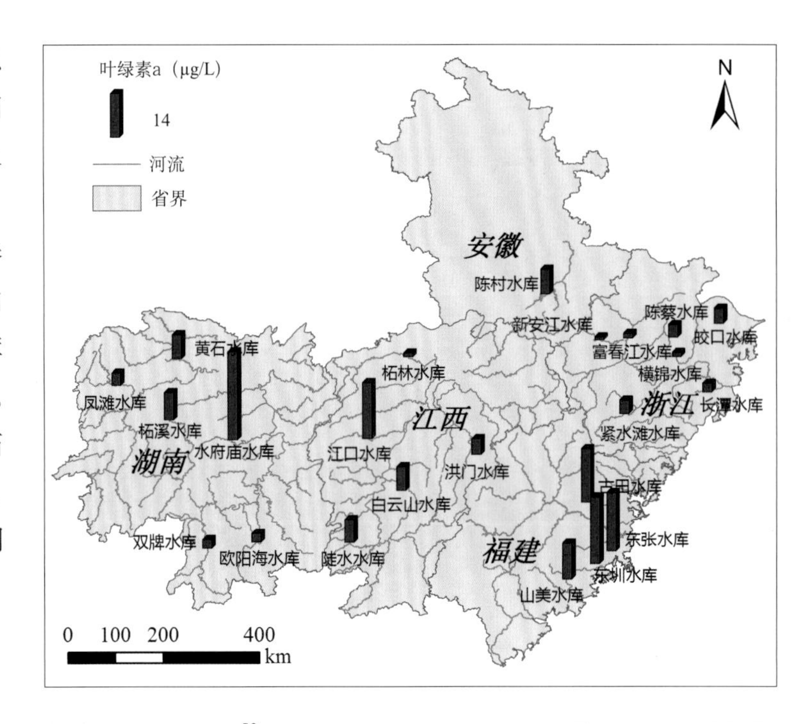

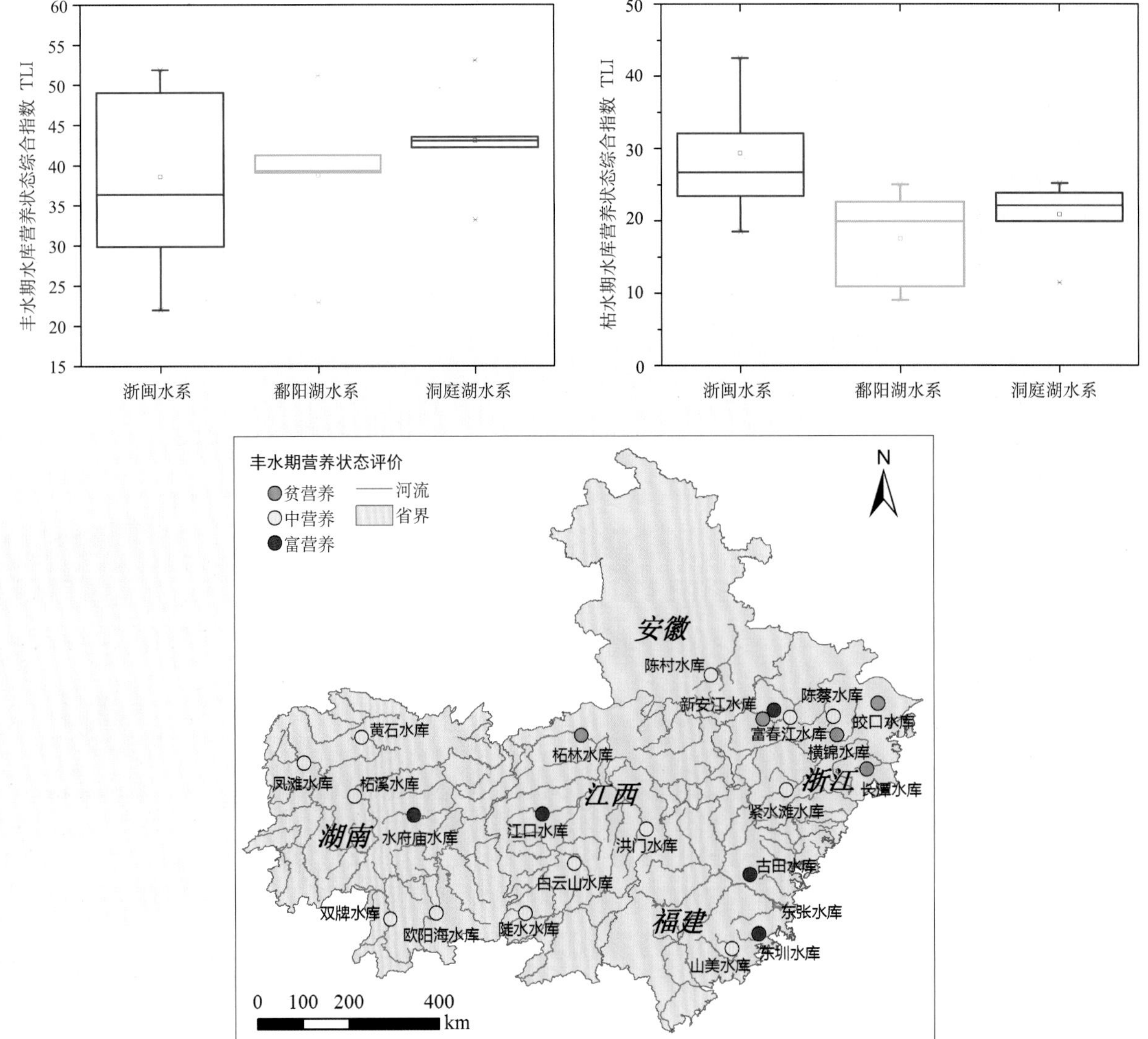

枯水期水库水体营养化程度显著下降，普遍为贫营养状态，但是福建省内水库水体营养程度仍高于浙江省内水库以及鄱阳湖水系和洞庭湖水系内水库水体营养水平，古田水库、山美水库、东圳水库和东张水库均为中营养水平。

我国南方丘陵山区典型水库水体营养化程度以福建省内水库最高，与水库周边营养物质输入、所处流域位置差异、水库类型和水库功能、水量吞吐、水位变化和水团运动等水文情势等因素有关；鄱阳湖水系和洞庭湖水系水库呈现中营养到富营养水平。

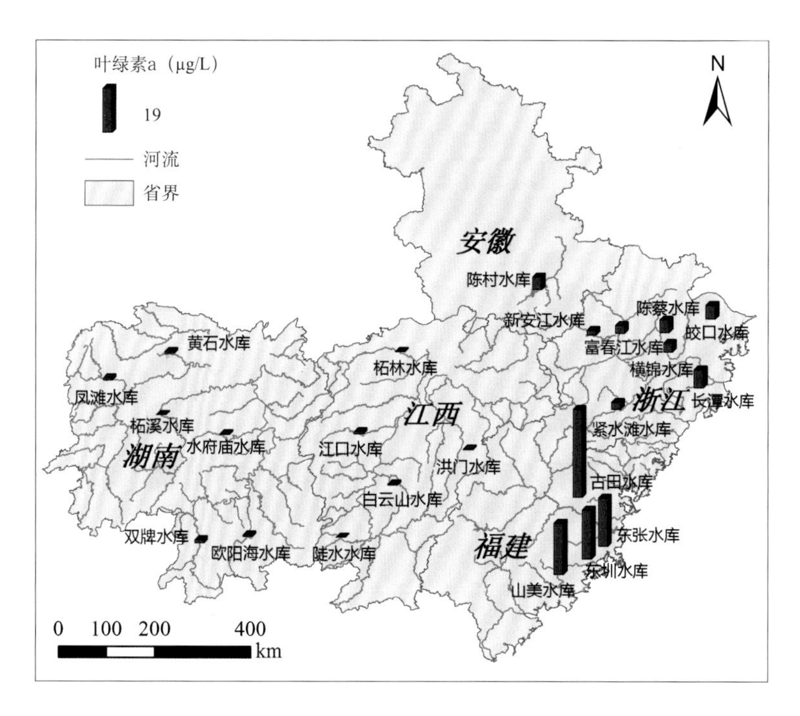

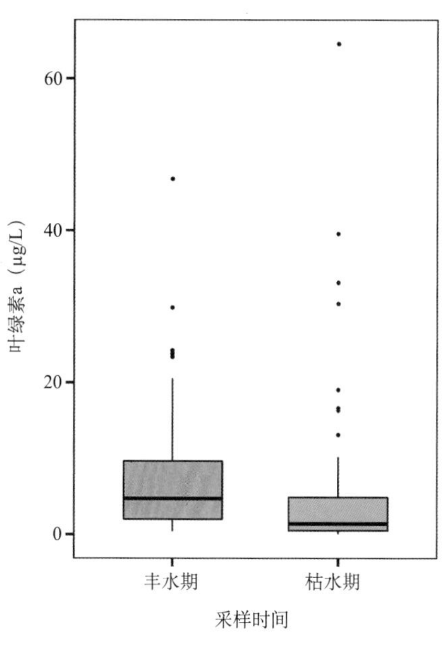

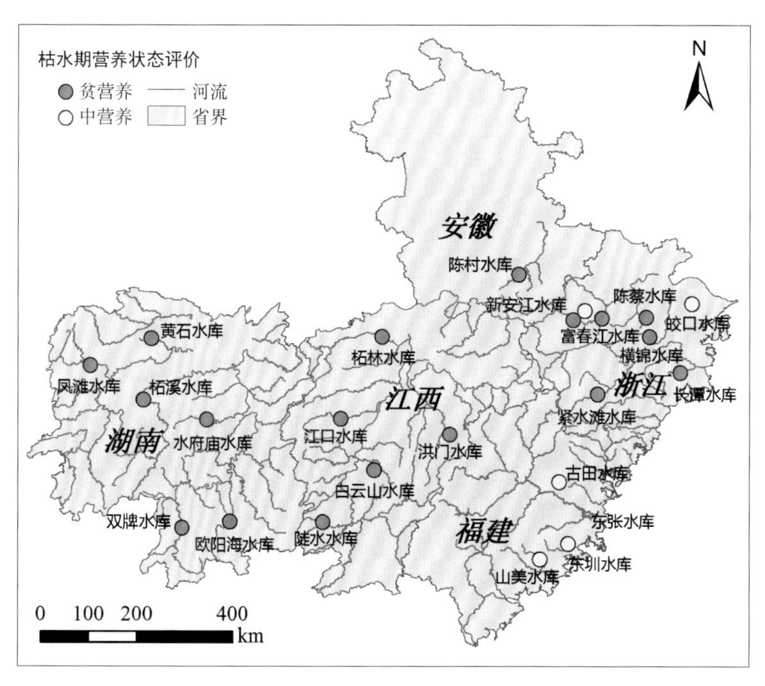

我国南方丘陵山区典型水库水体主要理化指标含量季节差异分析显示，高锰酸盐指数以及总有机碳含量表现为丰水期高于枯水期，与丰水期地表径流量以及降雨量增加导致污染输入增加有关，表明水文季节变化特征以及人类活动等要素的综合影响效应。水体营养盐指标包括总氮、氨氮、磷酸盐则整体表现为枯水期高于丰水期，与枯水期水流变缓、水体自净能力下降有关。

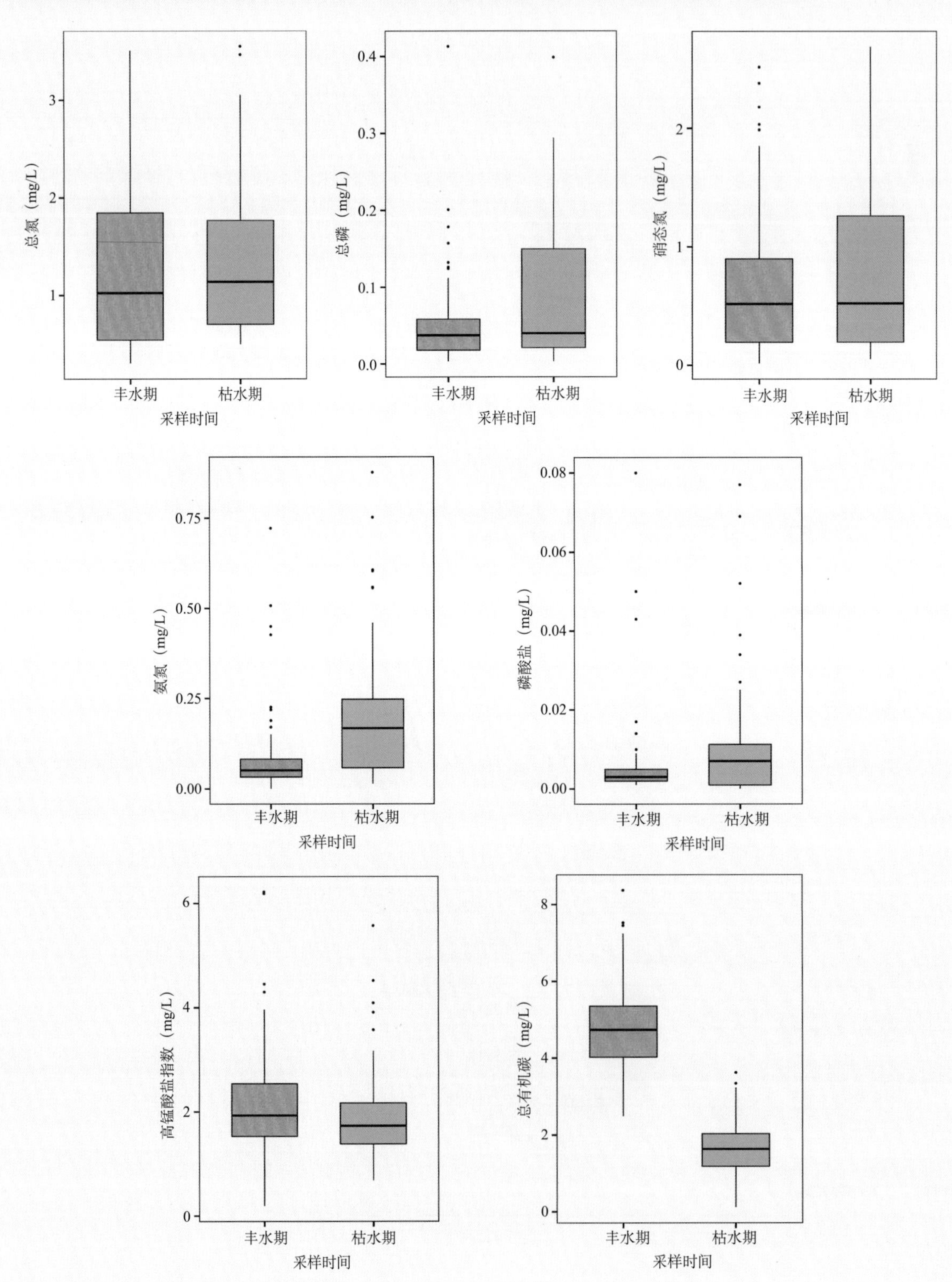

我国南方丘陵山区主要水库丰水期水体主要阴离子以硫酸根离子含量较高，其次为氯离子、氟离子。氟离子、氯离子、硫酸根离子检出含量最高值均于湖南水府庙水库检出，与水质指标分布较为一致。阳离子中钙离子和钠离子最高值同样于水府庙水库检出，钾离子和镁离子最高值分别于浙江新安江水库和湖南凤滩水库检出。

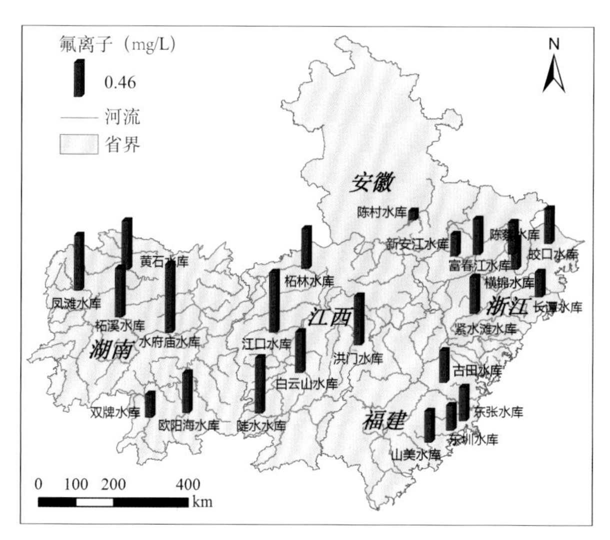

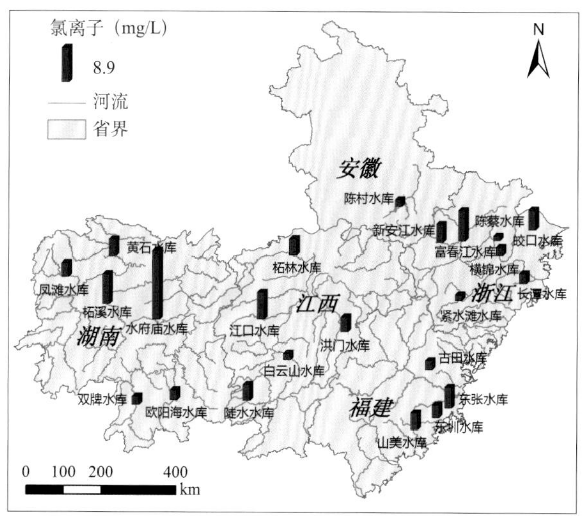

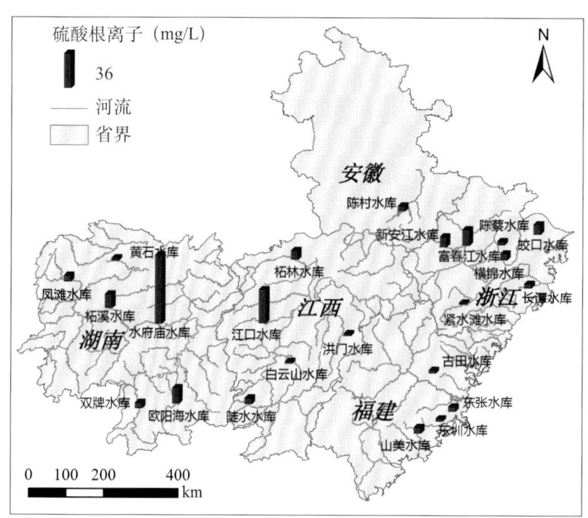

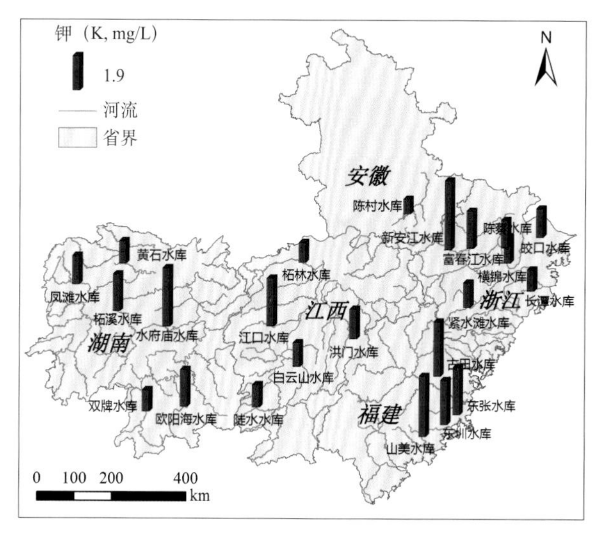

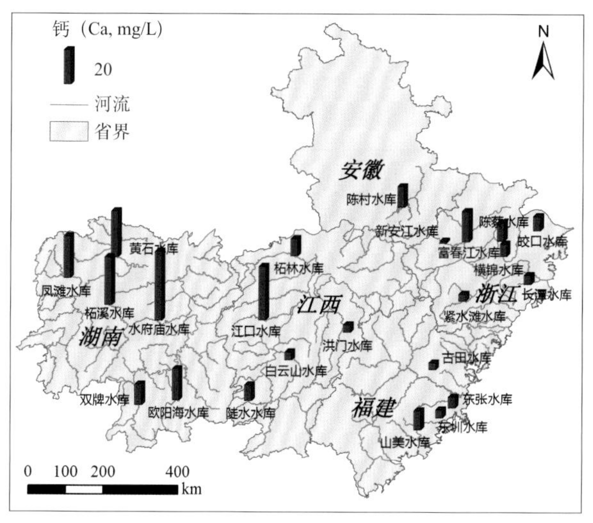

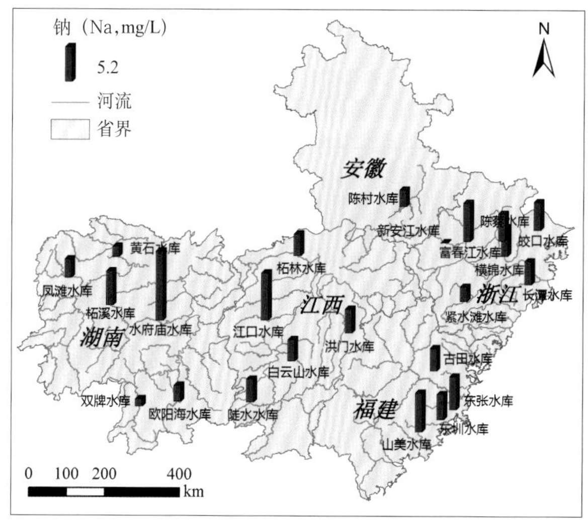

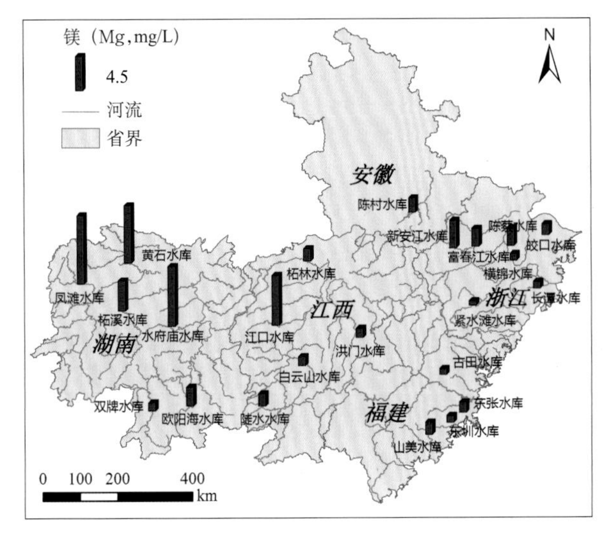

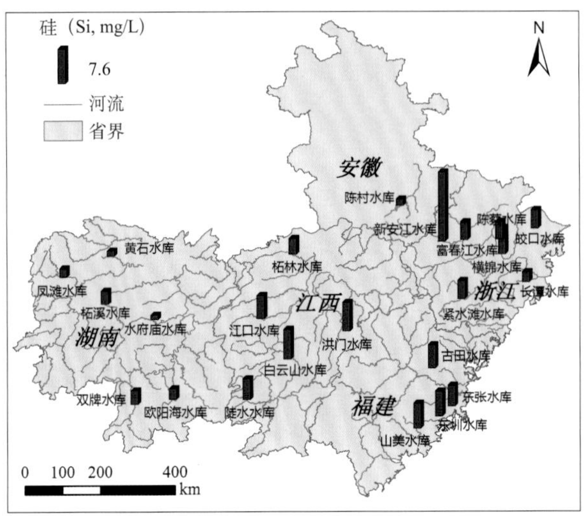

我国南方丘陵山区主要水库枯水期水体主要阴离子含量检出特征与丰水期一致，以硫酸根离子含量较高，氟离子检出含量最低。氯离子、硫酸根离子检出含量最高值均于湖南水府庙水库检出，氟离子最高值则位于东圳水库。阳离子中钙离子、钠离子、钾离子和镁离子最高值均于水府庙水库检出，浙江紧水滩水库离子含量较低。

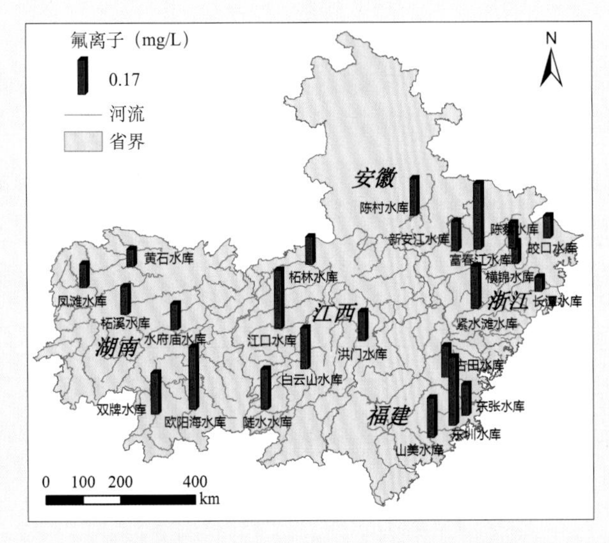

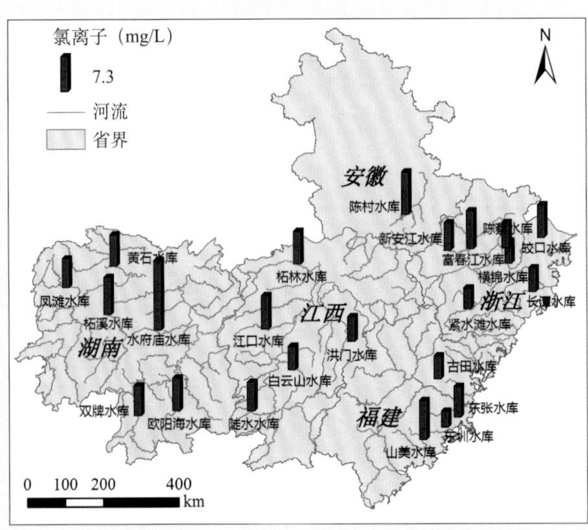

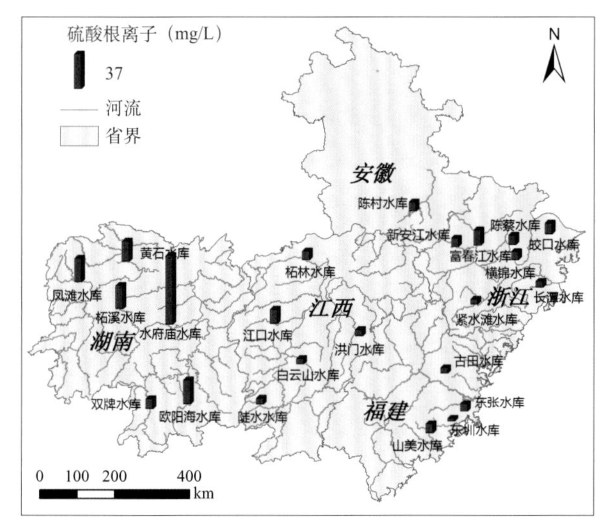
硫酸根离子（mg/L）
37
河流
省界
N
安徽
陈村水库
新安江水库
富春江水库
陈蔡水库
皎口水库
横锦水库
浙江
长潭水库
紧水滩水库
古田水库
东张水库
东圳水库
山美水库
福建
江西
柘林水库
江口水库
洪门水库
白云山水库
陡水水库
湖南
黄石水库
凤滩水库
柘溪水库
水府庙水库
双牌水库
欧阳海水库
0 100 200 400
km

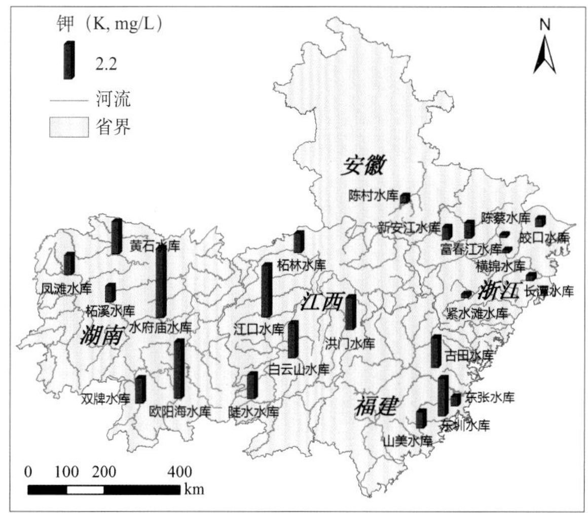
钾（K, mg/L）
2.2
河流
省界
N
安徽
陈村水库
新安江水库
富春江水库
陈蔡水库
皎口水库
横锦水库
浙江
长潭水库
紧水滩水库
古田水库
东张水库
东圳水库
山美水库
福建
江西
柘林水库
江口水库
洪门水库
白云山水库
陡水水库
湖南
黄石水库
凤滩水库
柘溪水库
水府庙水库
双牌水库
欧阳海水库
0 100 200 400
km

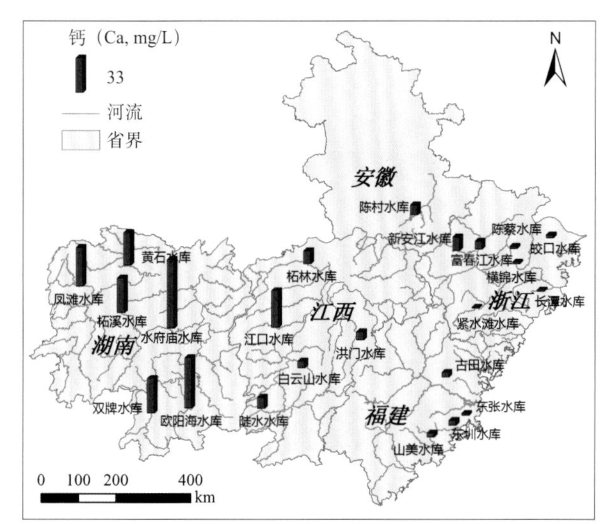
钙（Ca, mg/L）
33
河流
省界
N
安徽
陈村水库
新安江水库
富春江水库
陈蔡水库
皎口水库
横锦水库
浙江
长潭水库
紧水滩水库
古田水库
东张水库
东圳水库
山美水库
福建
江西
柘林水库
江口水库
洪门水库
白云山水库
陡水水库
湖南
黄石水库
凤滩水库
柘溪水库
水府庙水库
双牌水库
欧阳海水库
0 100 200 400
km

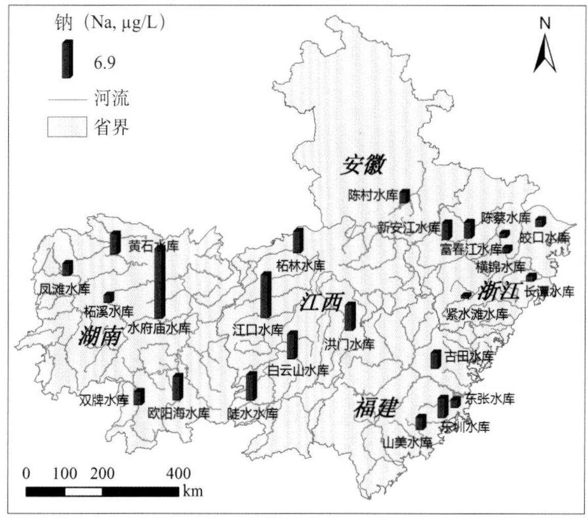
钠（Na, μg/L）
6.9
河流
省界
N
安徽
陈村水库
新安江水库
富春江水库
陈蔡水库
皎口水库
横锦水库
浙江
长潭水库
紧水滩水库
古田水库
东张水库
东圳水库
山美水库
福建
江西
柘林水库
江口水库
洪门水库
白云山水库
陡水水库
湖南
黄石水库
凤滩水库
柘溪水库
水府庙水库
双牌水库
欧阳海水库
0 100 200 400
km

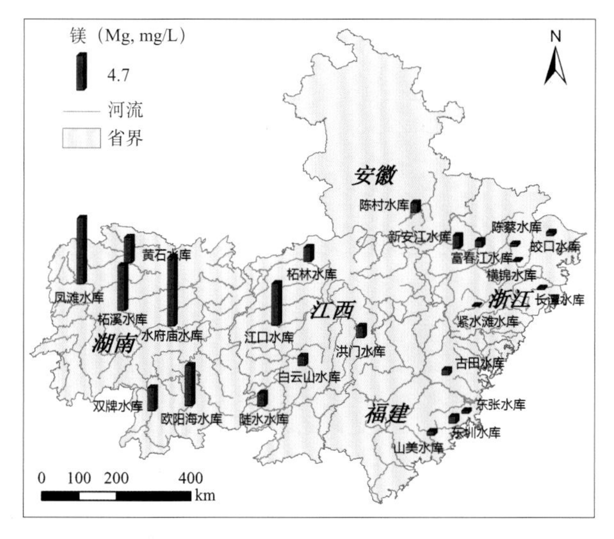
镁（Mg, mg/L）
4.7
河流
省界
N
安徽
陈村水库
新安江水库
富春江水库
陈蔡水库
皎口水库
横锦水库
浙江
长潭水库
紧水滩水库
古田水库
东张水库
东圳水库
山美水库
福建
江西
柘林水库
江口水库
洪门水库
白云山水库
陡水水库
湖南
黄石水库
凤滩水库
柘溪水库
水府庙水库
双牌水库
欧阳海水库
0 100 200 400
km

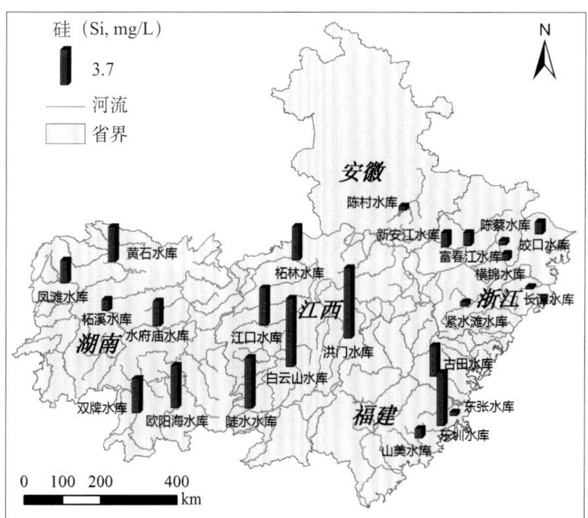
硅（Si, mg/L）
3.7
河流
省界
N
安徽
陈村水库
新安江水库
富春江水库
陈蔡水库
皎口水库
横锦水库
浙江
长潭水库
紧水滩水库
古田水库
东张水库
东圳水库
山美水库
福建
江西
柘林水库
江口水库
洪门水库
白云山水库
陡水水库
湖南
黄石水库
凤滩水库
柘溪水库
水府庙水库
双牌水库
欧阳海水库
0 100 200 400
km

我国南方丘陵山区主要水库水体阴离子和阳离子检出含量普遍呈现为丰水期大于枯水期，以氟离子表现最为显著；氯离子和硫酸根离子丰水期检出含量低于枯水期。

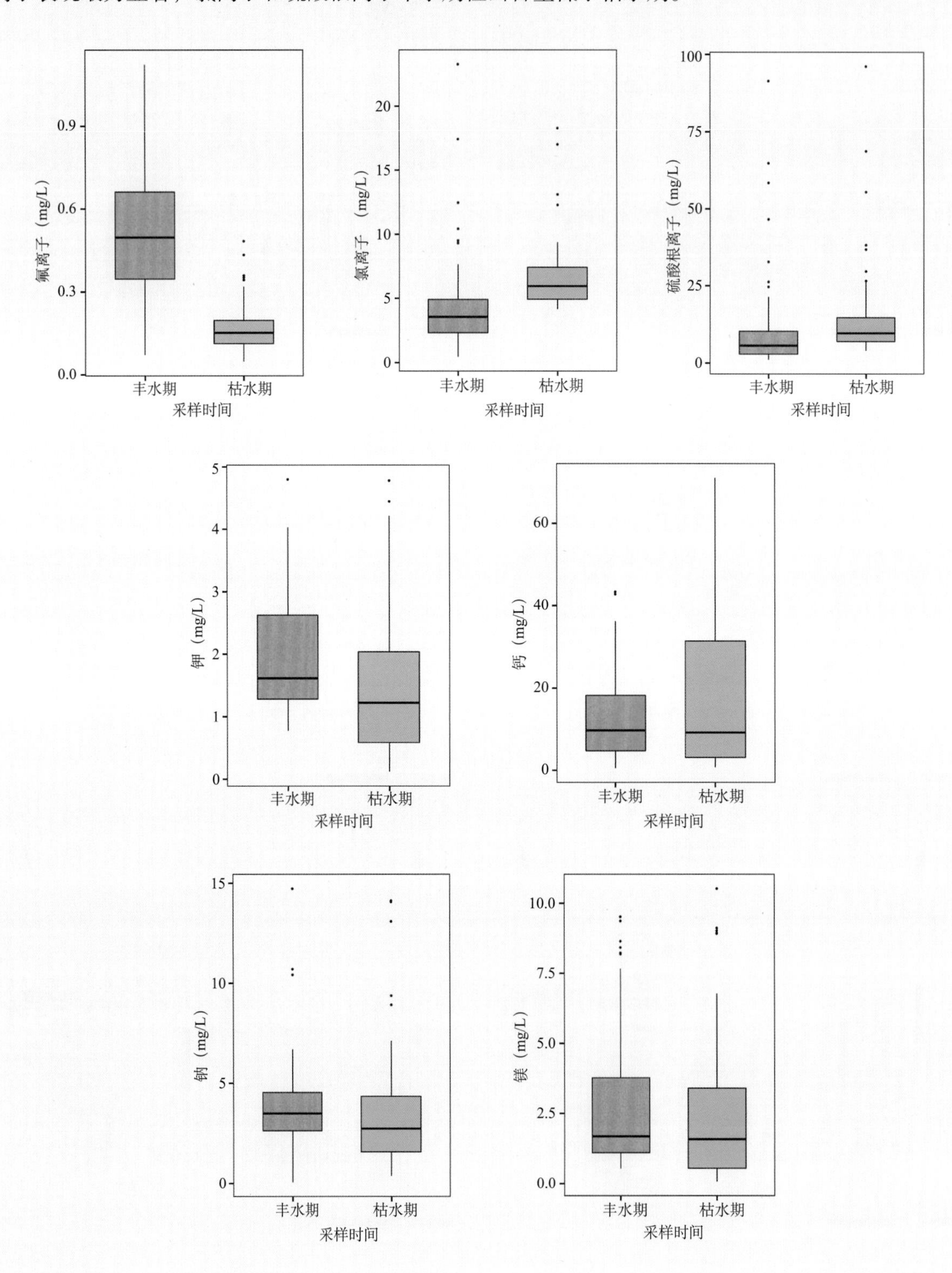

我国南方丘陵山区典型水库水体分层水样总磷含量垂向分布呈现出一定的季节差异，其中以长潭水库、紧水滩水库、新安江水库、陡水水库和黄石水库最为显著。

水库水温在垂线方向上的变化，具有在上层和下层缓慢下降，而在中层发生急剧变化的现象，此突变层称为温跃层。由于风的作用，上层水发生混合和温度变化，下层水始终保持稳定的状态，上下层之间便会产生温度急变的跃层。上述水库水体总磷垂向分布均呈现一定的跃层现象，且发生跃层的深度因水库自身特性存在一定差异。

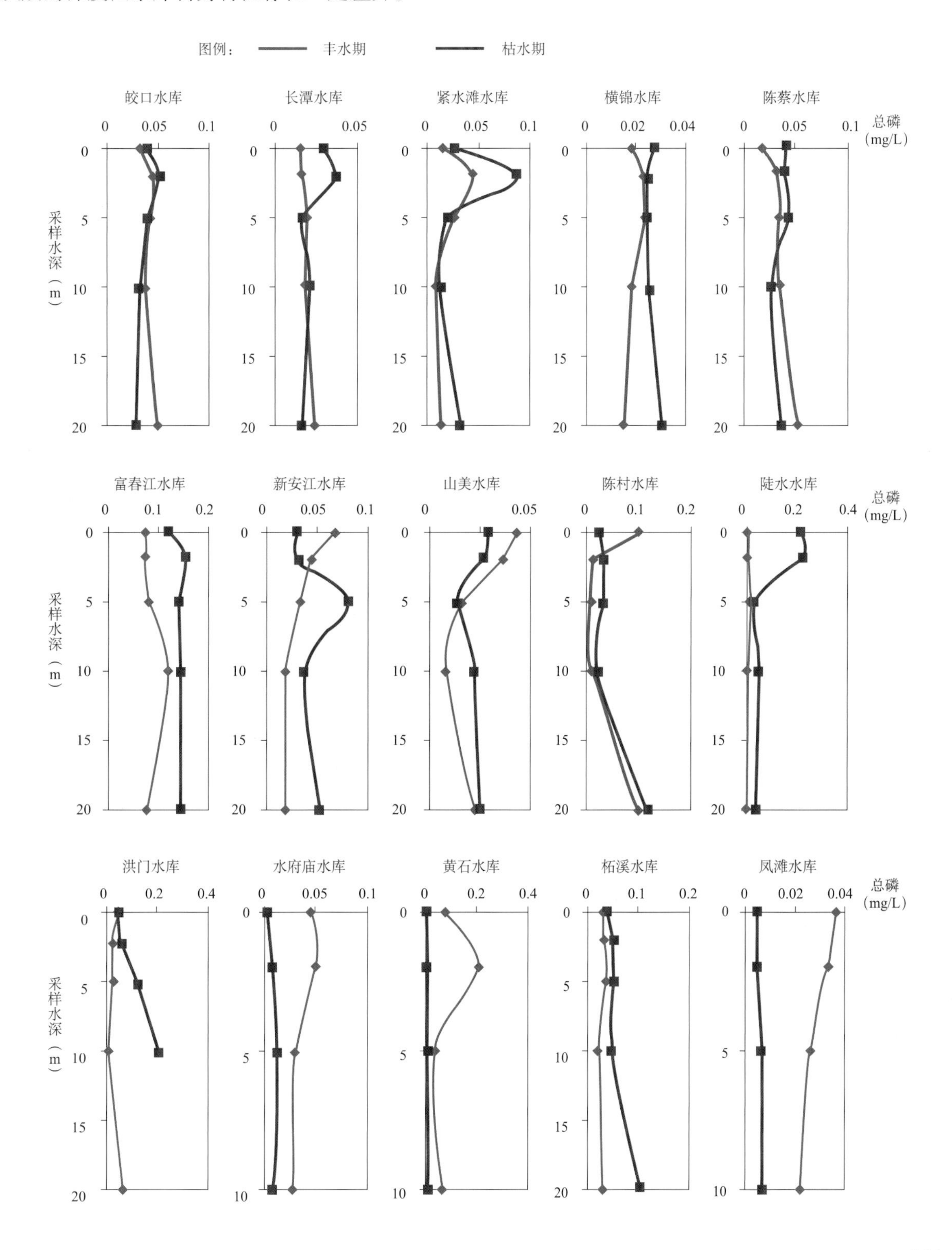

我国南方丘陵山区典型水库水体分层水样总氮含量垂向分布季节差异较小，与总磷相比，垂向分布跃层现象亦不显著，存在较为明显跃层分布的水库主要有富春江水库、陡水水库、柘溪水库。

总氮、总磷垂向分布季节差异显示，枯水期水库水体总氮、总磷指标跃层现象更为明显，与枯水期水流缓慢、水量较少、水体上下层交换和混合作用较弱有关。

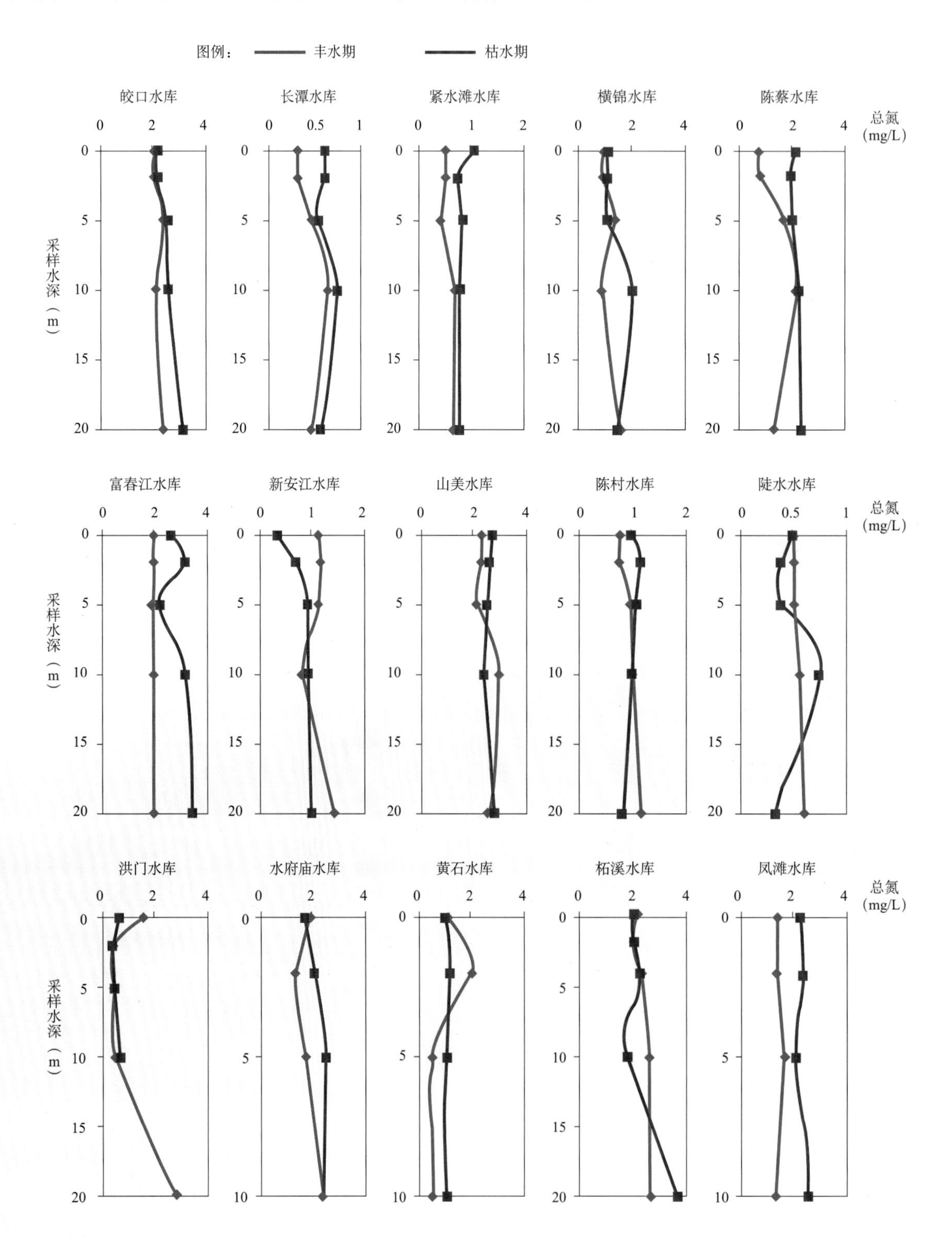

2.2.2 2012—2015 年我国南方丘陵山区主要水库底质

我国南方丘陵山区典型水库丰水期沉积物常规理化指标和重金属元素的赋存含量反映了不同指标含量差异和空间分布特征，是评价水库沉积物质量的基础数据库。典型水库丰水期底质状况存在较大差别。丰水期水库沉积物有机质含量范围为 4.54%～13.46%，均值为 7.58%；总氮含量范围为 0.52～7.79 mg/g，均值为 4.24 mg/g；总磷含量范围为 0.12～1.93 mg/g，均值为 0.86 mg/g。其中江口水库、白云山水库与洪门水库等江西省水库沉积物中总氮和总磷相对较低。

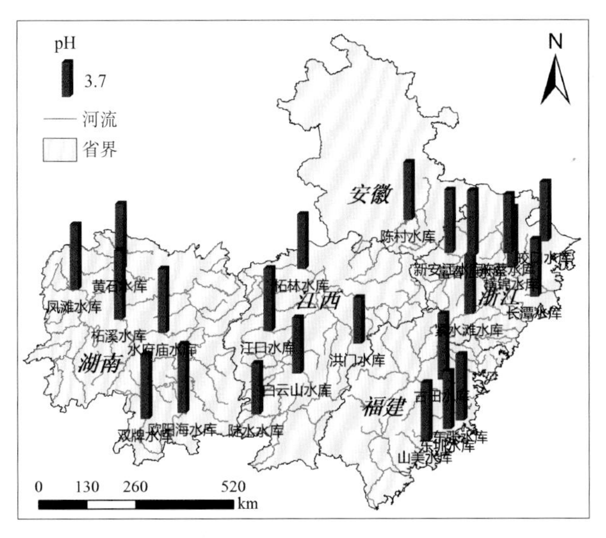

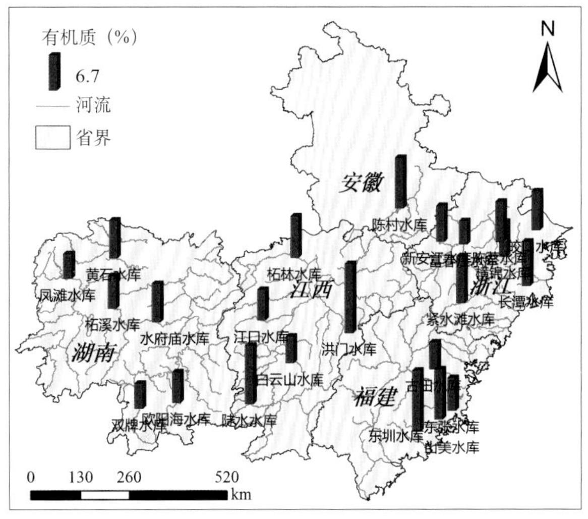

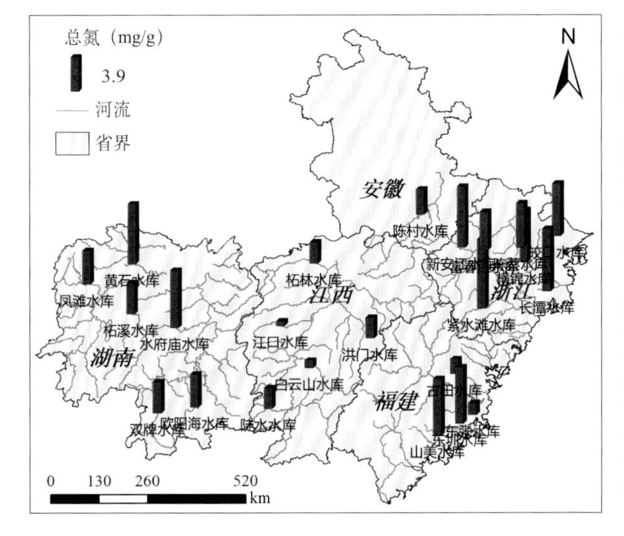

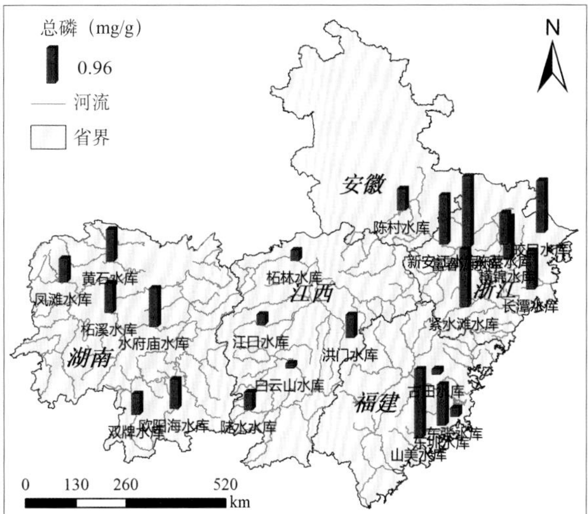

丰水期黄石、凤滩和水府庙水库沉积物显示了较高的钙含量，浙江省水库则沉积物中钠含量较高，福建省水库沉积物中镁含量相对较低，锰则在富春江、凤滩和东圳水库含量较高，铁、铝和钡水库间含量差异不明显。

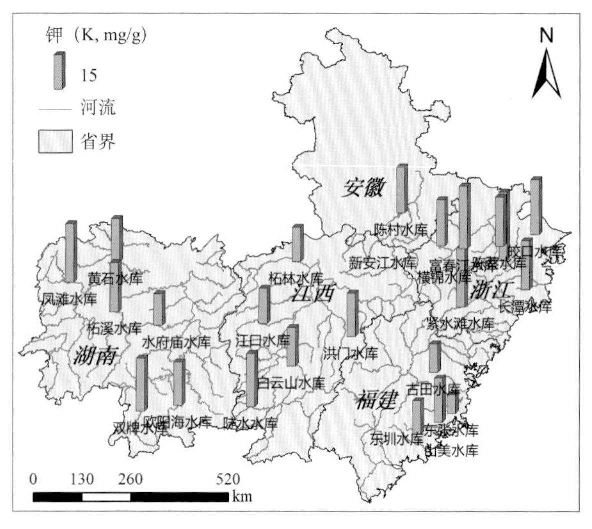

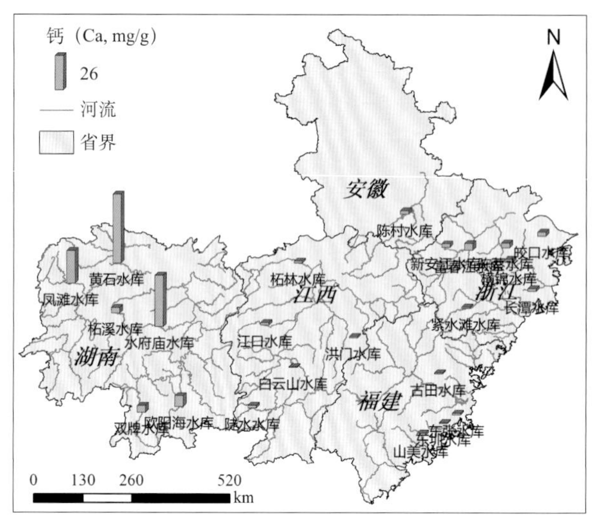

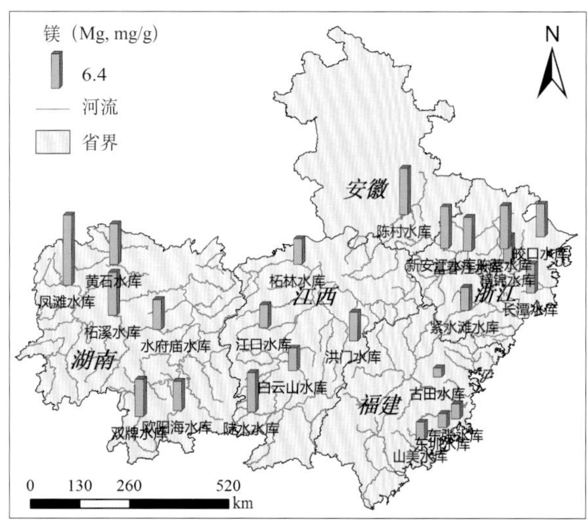

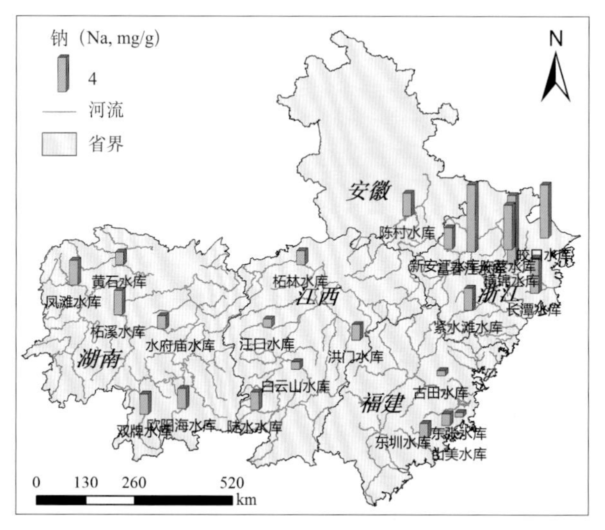

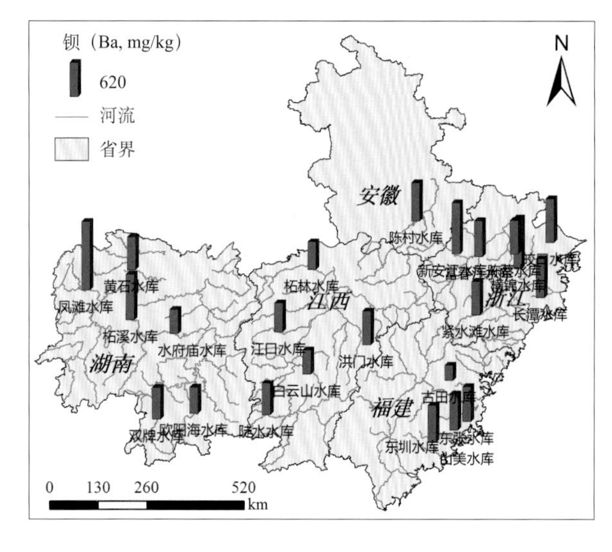

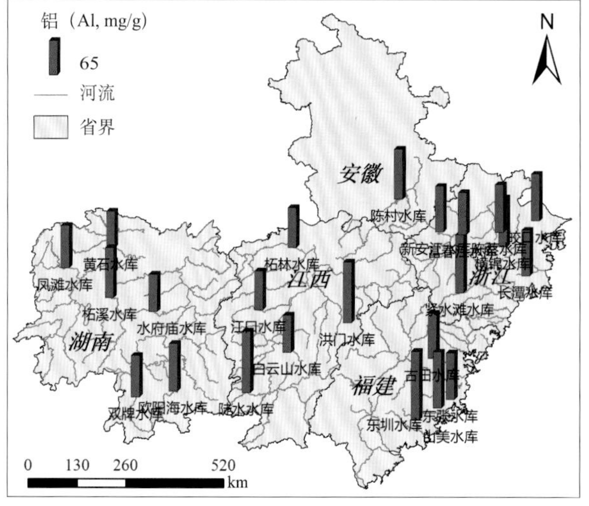

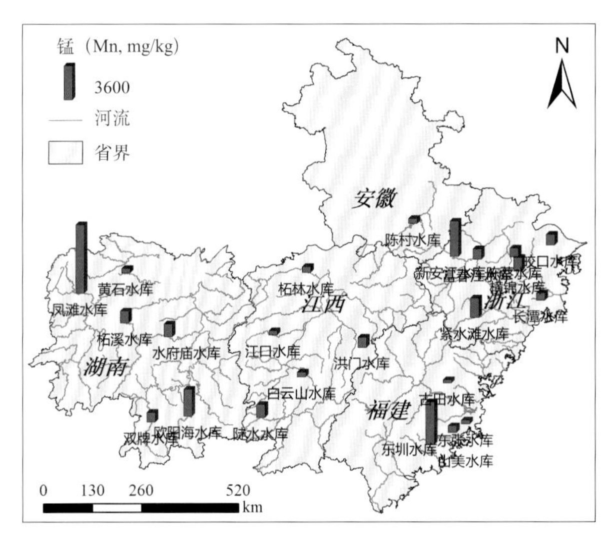

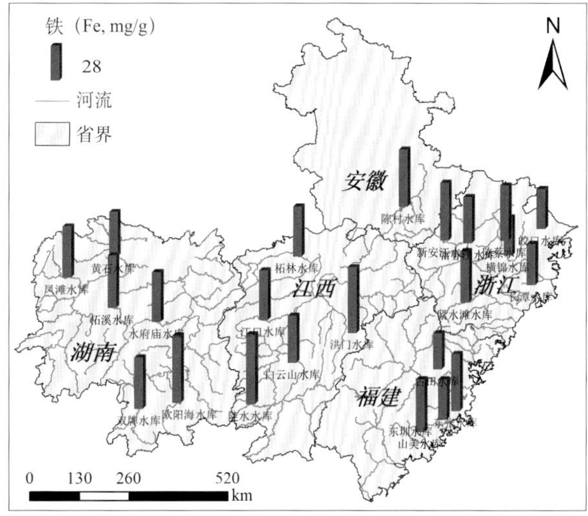

丰水期镉在凤滩水库、锑在柘溪水库沉积物中显示了明显较高的赋存量；陡水水库和富春江水库沉积物铜含量相对较高，锌则在凤滩水库赋存量最高；此外凤滩水库、水府庙水库、欧阳海水库、陡水水库以及紧水滩水库沉积物中铅含量相对较高；福建省水库如古田水库、山美水库等铬和镍含量则相对较低。

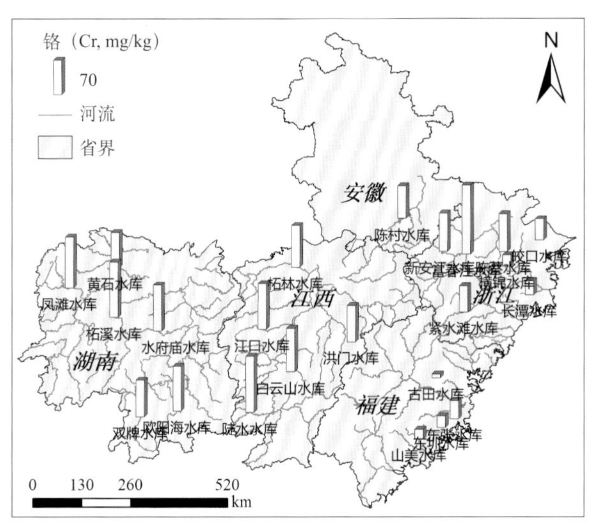

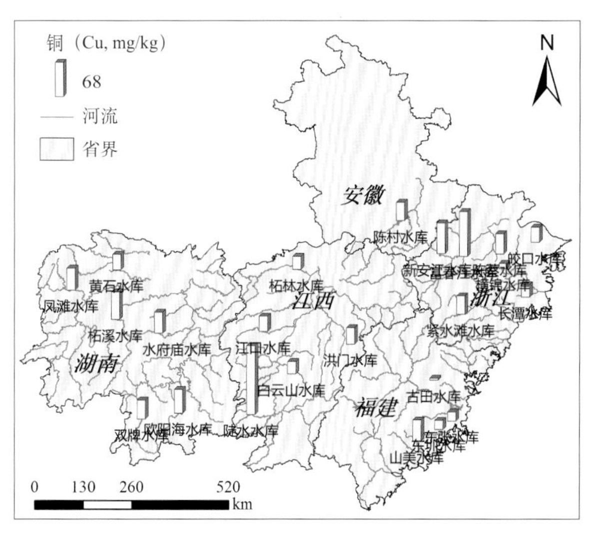

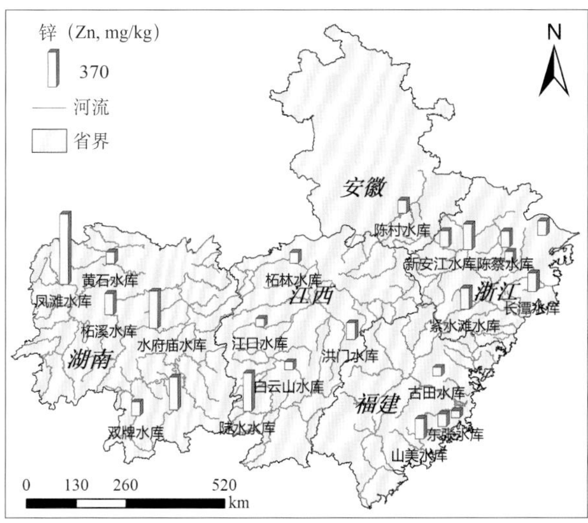

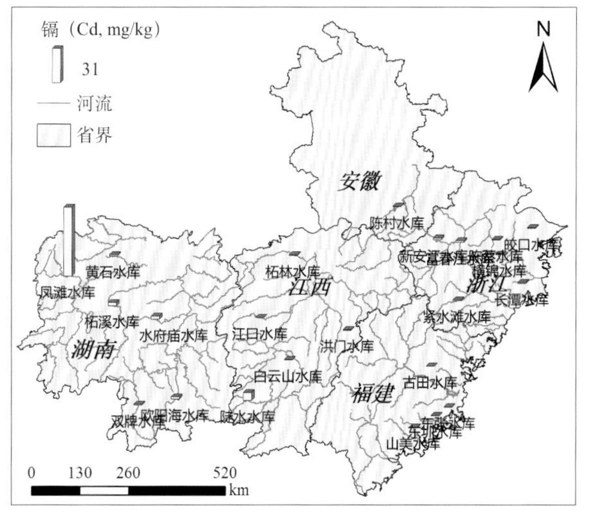

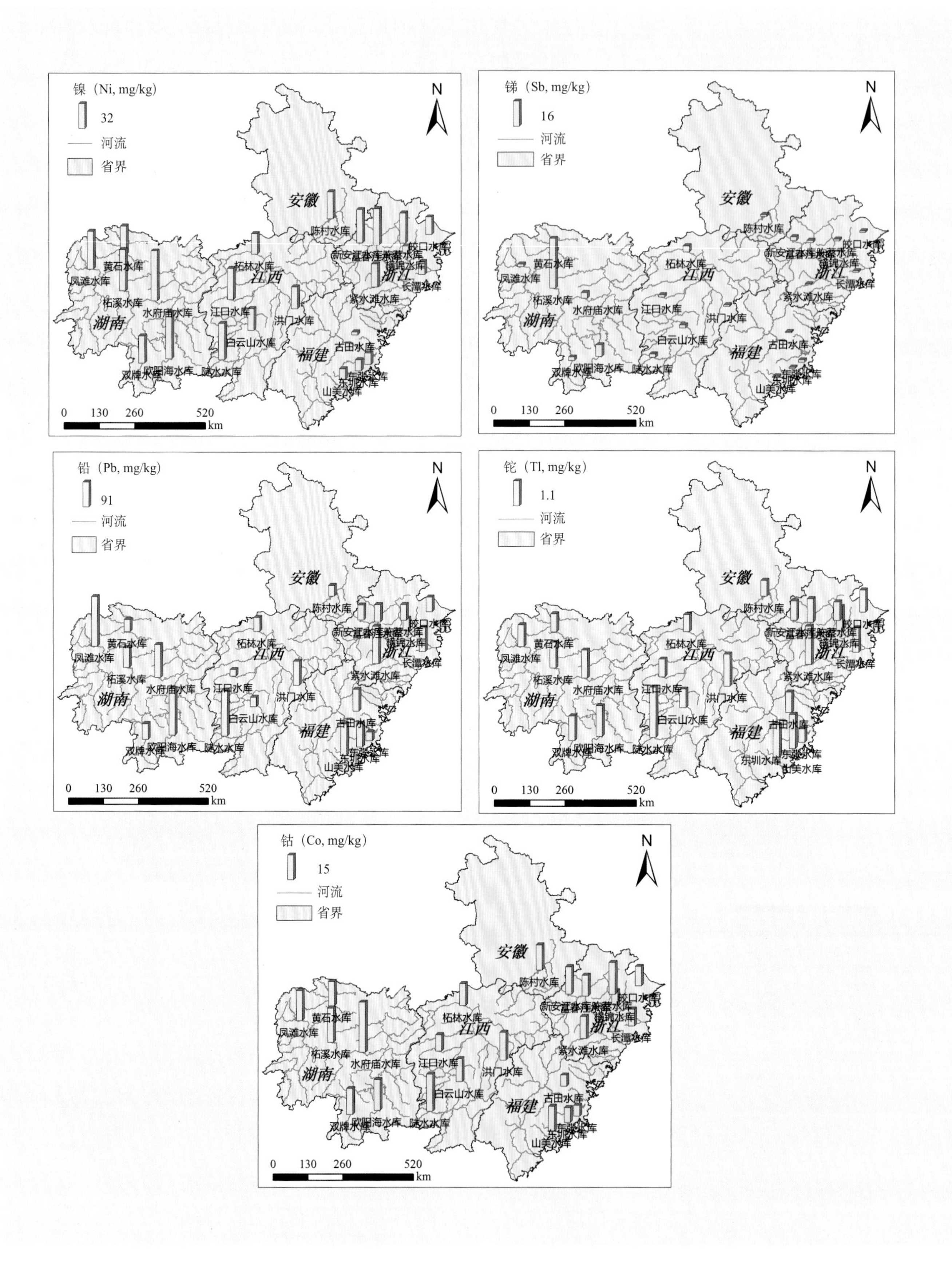
镍（Ni, mg/kg）
32
锑（Sb, mg/kg）
16
铅（Pb, mg/kg）
91
铊（Tl, mg/kg）
1.1
钴（Co, mg/kg）
15
河流
省界
N
安徽
江西
浙江
湖南
福建
陈村水库
新安江水库
富春江水库
汾口水库
镜湖水库
长潭水库
紧水滩水库
古田水库
东圳水库
山美水库
黄石水库
凤滩水库
柘溪水库
水府庙水库
双牌水库
欧阳海水库
陡水水库
白云山水库
江口水库
洪门水库
柘林水库
0 130 260 520
km

我国南方丘陵山区典型水库枯水期沉积物常规理化指标和重金属元素的赋存含量反映了不同指标含量差异和空间分布特征，是评价枯水期水库沉积物质量的基础数据库。典型水库丰、枯水期底质状况存在较大差别。枯水期水库沉积物有机质含量范围为 3.84%～12.97%，均值为 8.46%；总氮含量范围为 0.41～6.35 mg/g，均值为 2.67 mg/g；总磷含量范围为 0.12～1.20 mg/g，均值为 0.68 mg/g。

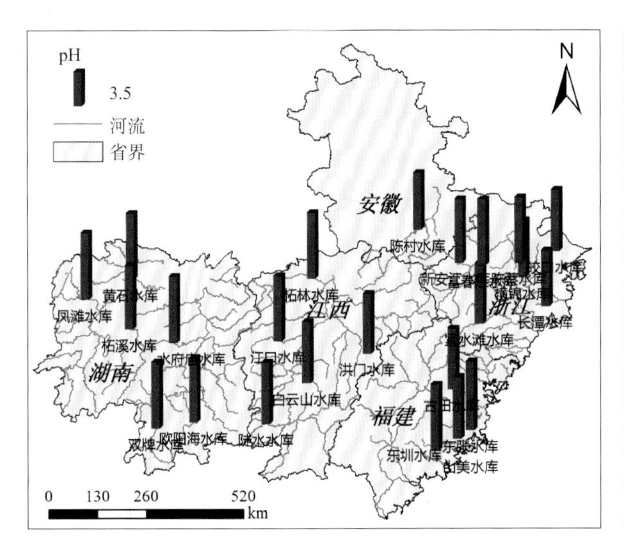

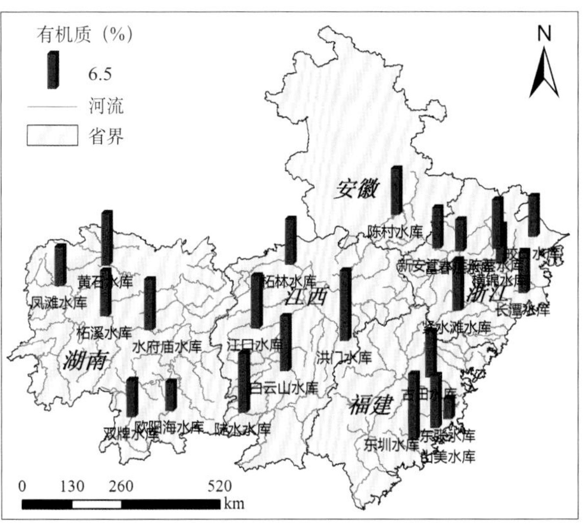

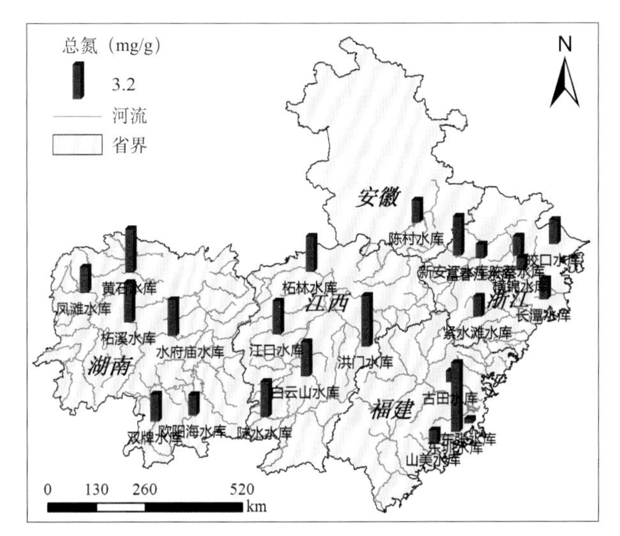

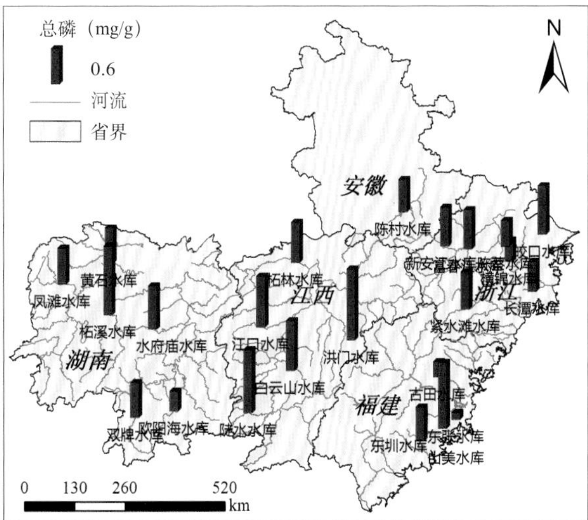

与丰水期相同，枯水期的黄石水库、凤滩水库和水府庙水库沉积物也显示了较高的钙含量，浙江省水库沉积物中则钠含量较高，福建省水库沉积物中镁含量相对较低，锰含量则在富春江水库、凤滩水库和东圳水库较高，铁、铝和钡含量在各水库间差异不明显。

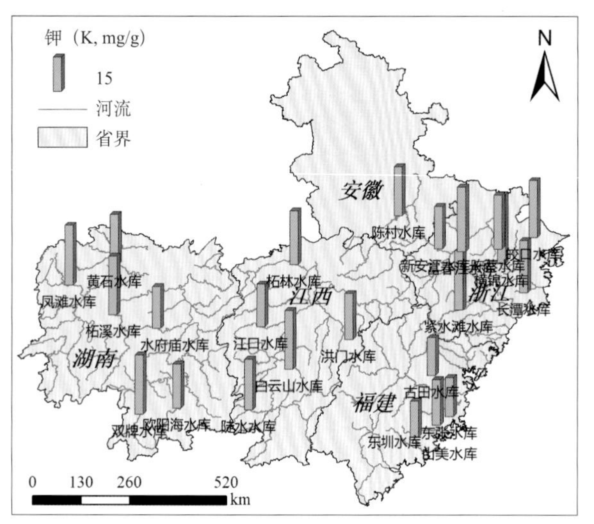

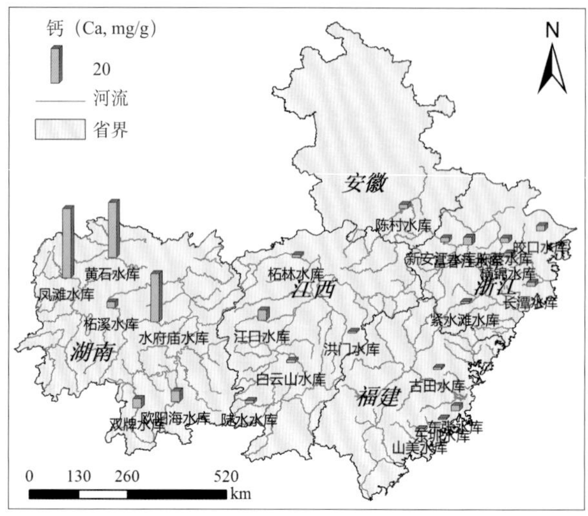

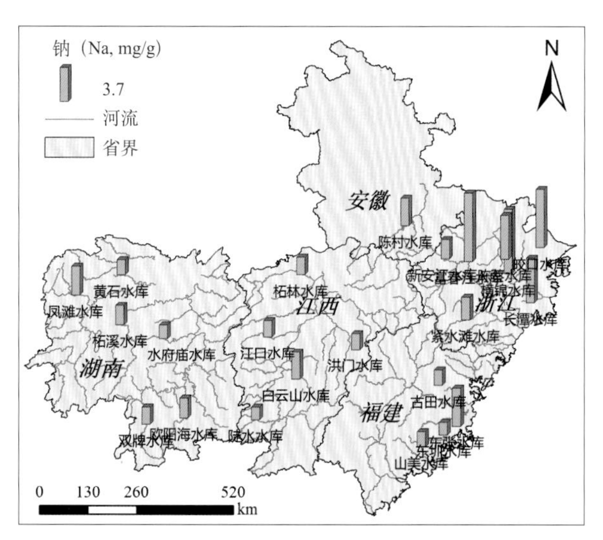

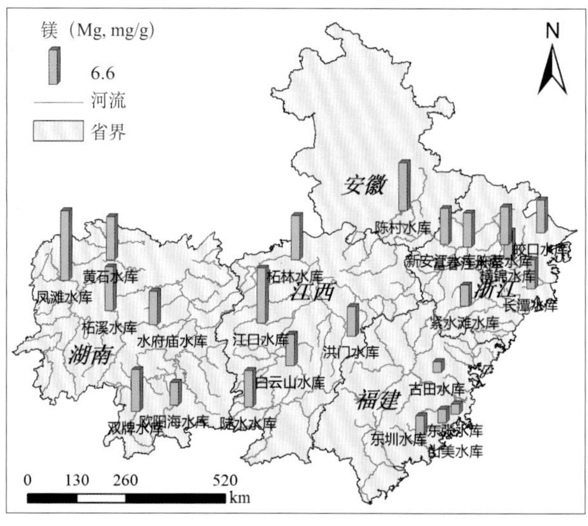

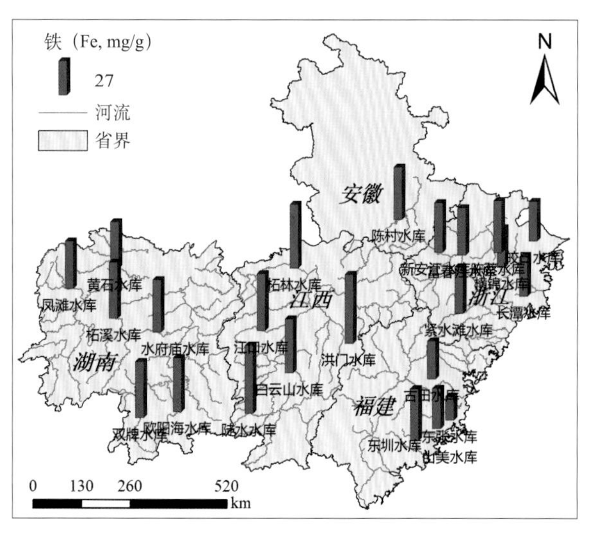

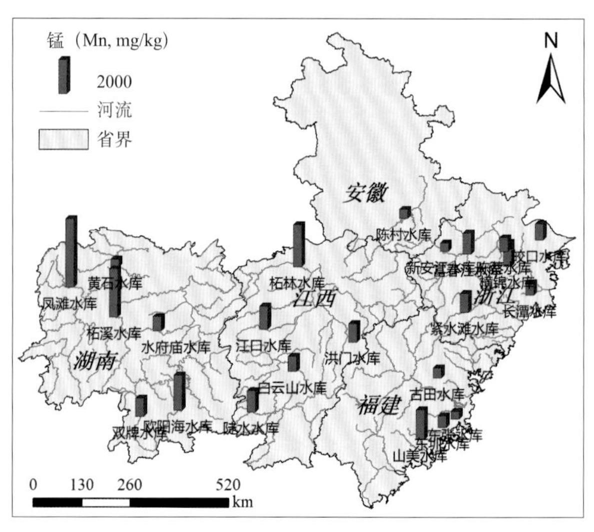

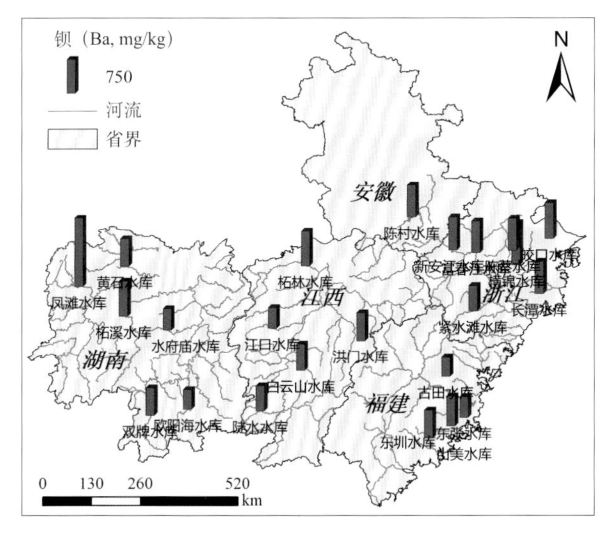

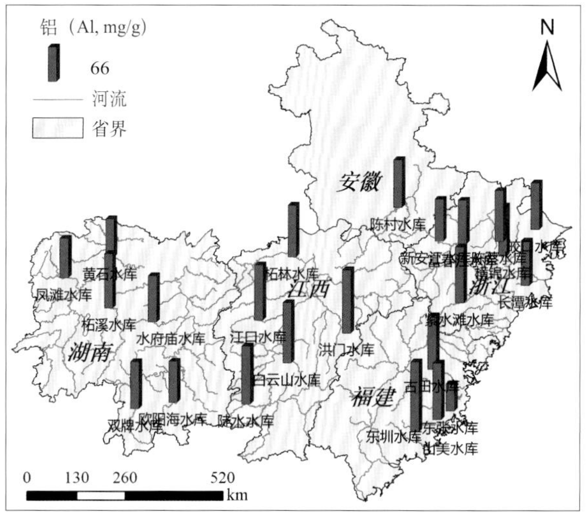

枯水期镉在凤滩水库、锑在柘溪水库沉积物中也显示了明显较高的赋存量；陡水水库和富春江水库沉积物铜含量相对较高，锌则在凤滩水库赋存量最高；此外凤滩水库、水府庙水库、欧阳海水库、陡水水库以及紧水滩水库沉积物中铅含量相对较高；福建省水库如古田水库、山美水库等铬和镍含量则相对较低。

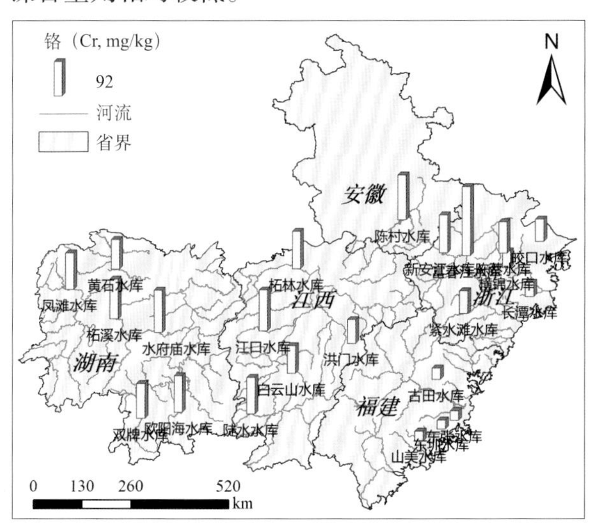

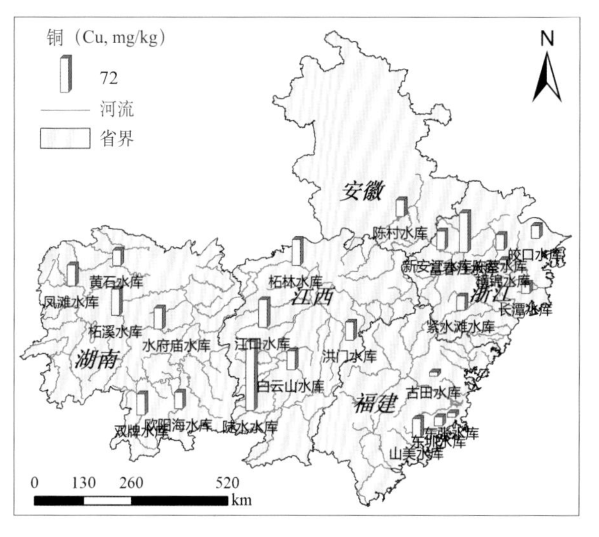

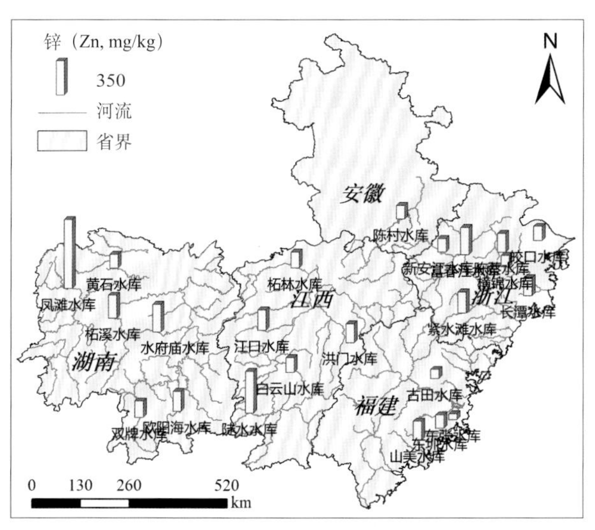

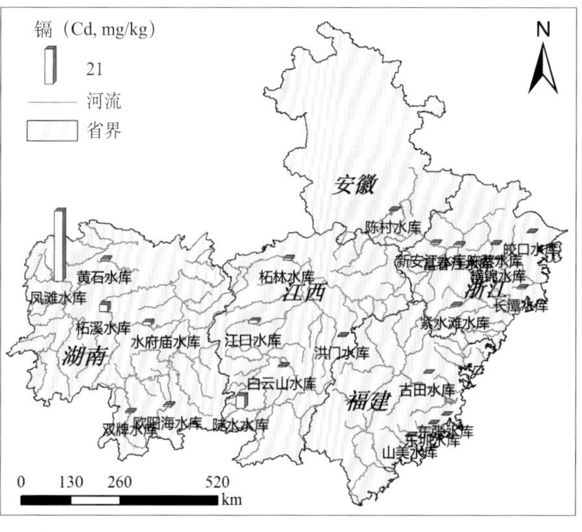

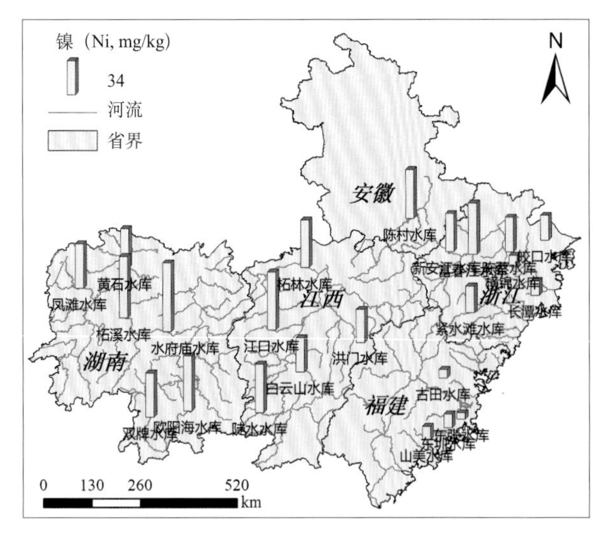
镍（Ni, mg/kg）
34
河流
省界
N
安徽
江西
浙江
湖南
福建
0 130 260 520
km

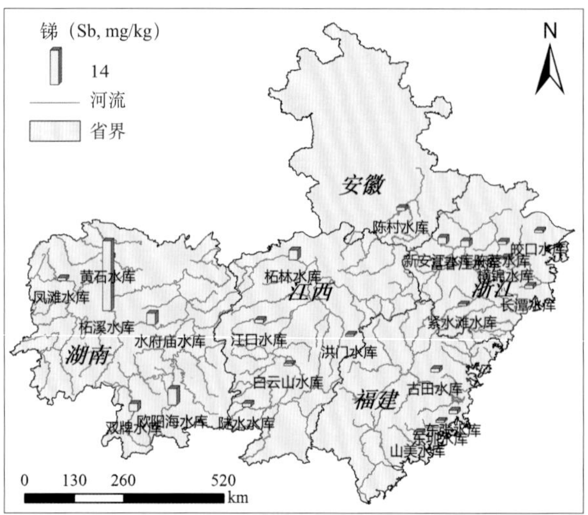
锑（Sb, mg/kg）
14
河流
省界
N
安徽
江西
浙江
湖南
福建
0 130 260 520
km

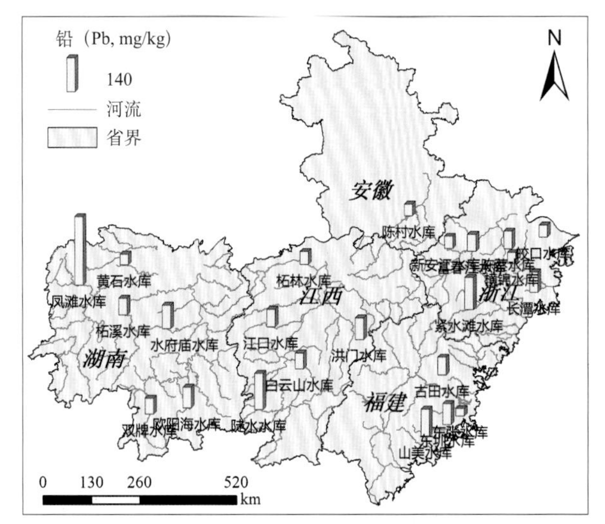
铅（Pb, mg/kg）
140
河流
省界
N
安徽
江西
浙江
湖南
福建
0 130 260 520
km

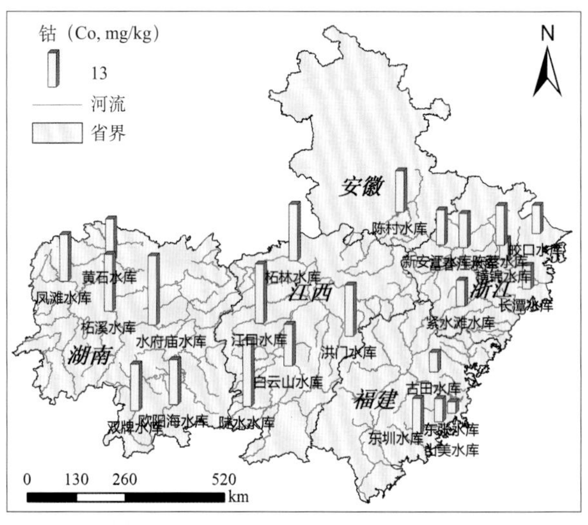
钴（Co, mg/kg）
13
河流
省界
N
安徽
江西
浙江
湖南
福建
0 130 260 520
km

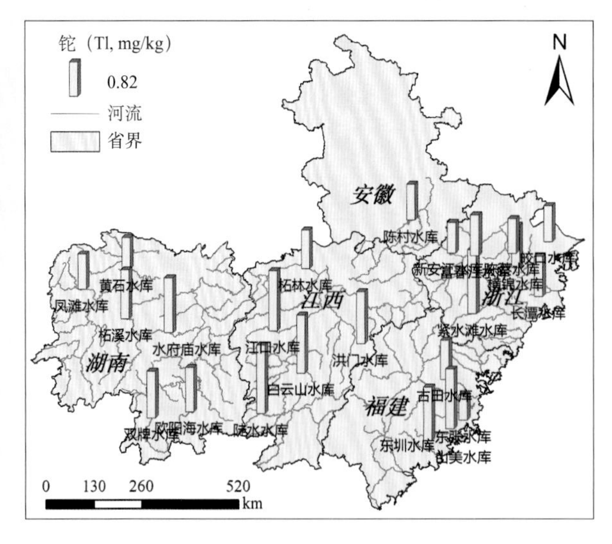
铊（Tl, mg/kg）
0.82
河流
省界
N
安徽
江西
浙江
湖南
福建
0 130 260 520
km

一般而言，受温度等影响较小的重金属、常量金属元素总含量受季节变化较小，但碳、氮、磷等营养盐则会表现出一定的季节差异。我国南方丘陵山区水库由于人为扰动相对较小，水库底质理化性状季节性变化不大。我国南方丘陵山区典型水库部分沉积物理化指标存在一定的季节性差异，其中，总氮和总磷均是丰水期高于枯水期，钾和钙元素丰、枯期差异较小，镁为枯水期较高，钠则在丰水期较高。

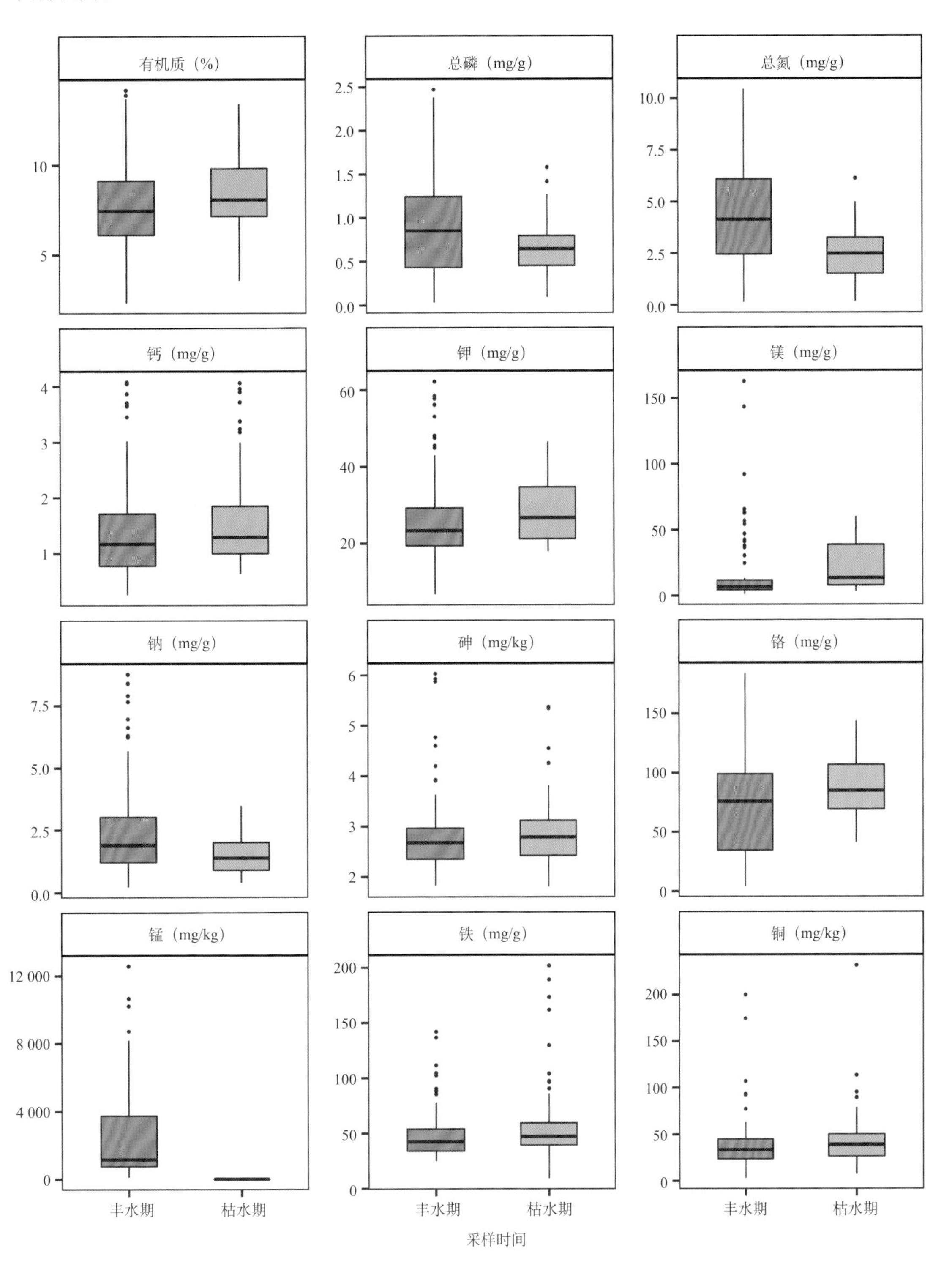

就金属元素而言，我国南方丘陵山区典型水库沉积物中锰、锌、锶元素在丰水期高于枯水期，其他元素如铝、铬、铁、钴、镍、铜、砷、钼、镉、锑、钡、锂、铊、铅等含量则在丰水期和枯水期差异较小。

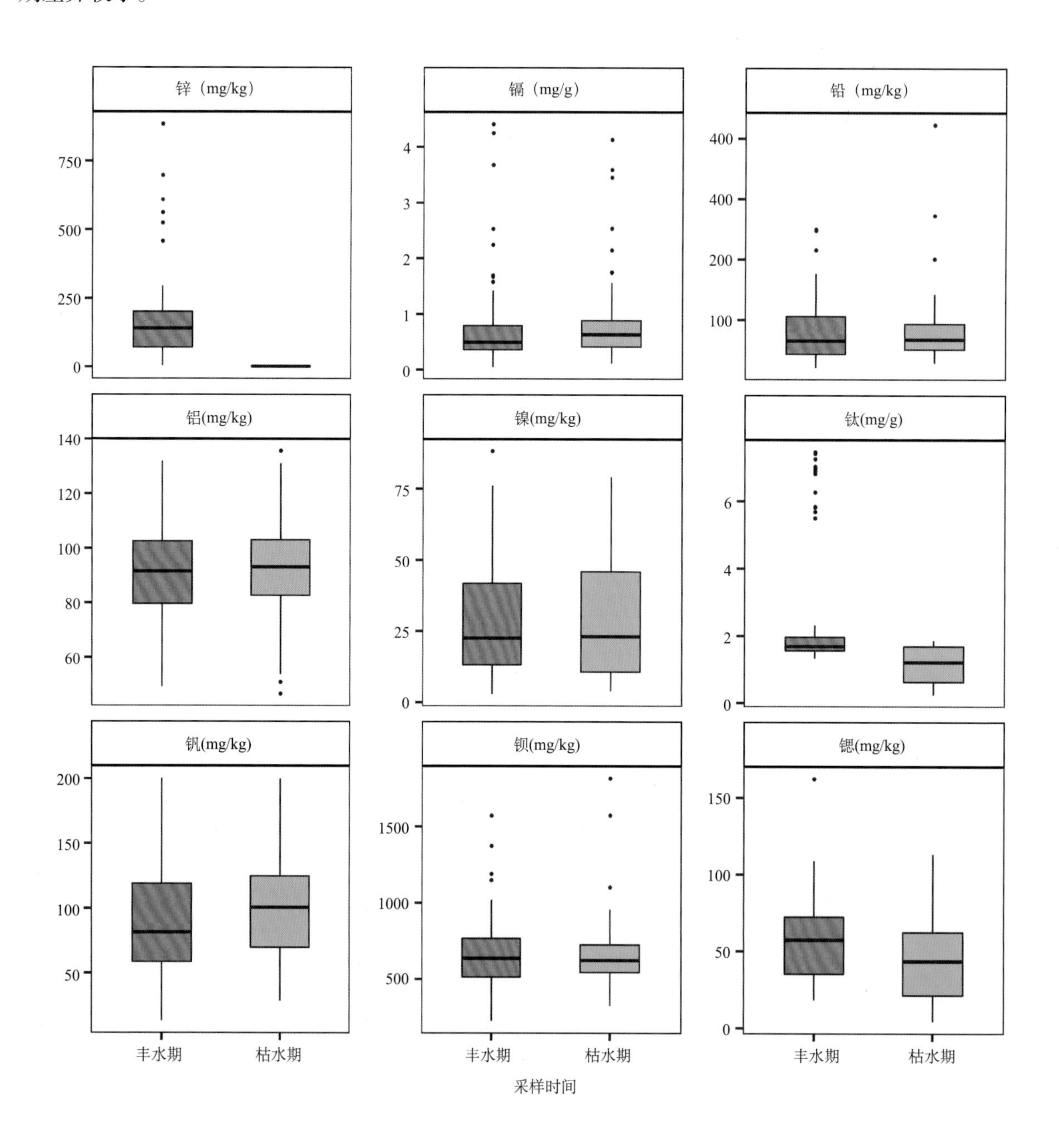

2.2.3 2012—2015 年我国南方丘陵山区主要水库底栖动物群落结构

典型水库丰水期底栖动物密度和生物量空间差异显著。底栖动物总密度介于 0～5330 个 /m²，平均值为 507 个 /m²，密度最高值出现在紧水滩水库，全部为耐污染类群寡毛纲。总生物量介于 0～64.91 g/m²，平均值为 12.69 g/m²，最高值出现在富春江水库，柘溪水库、白云山水库、古田水库生物量也较高。

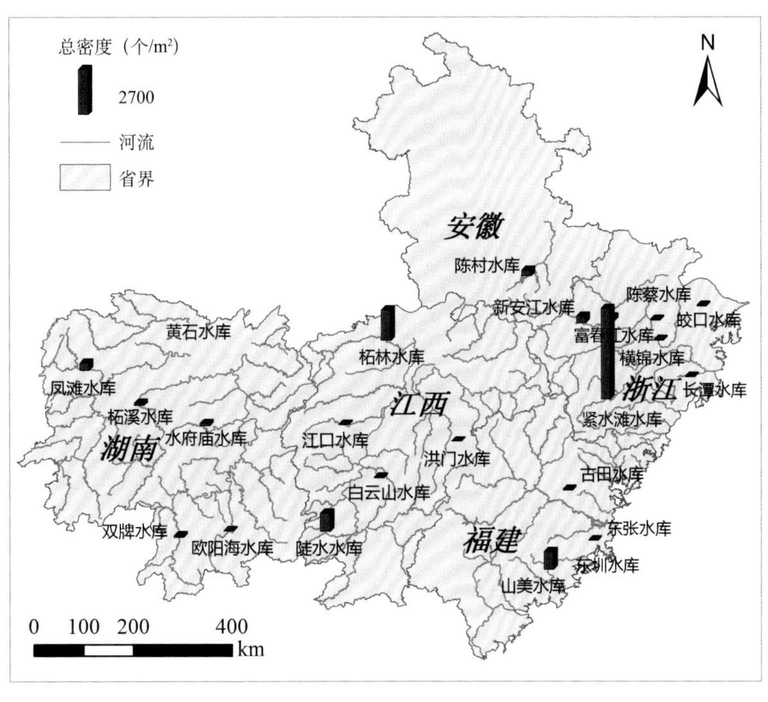

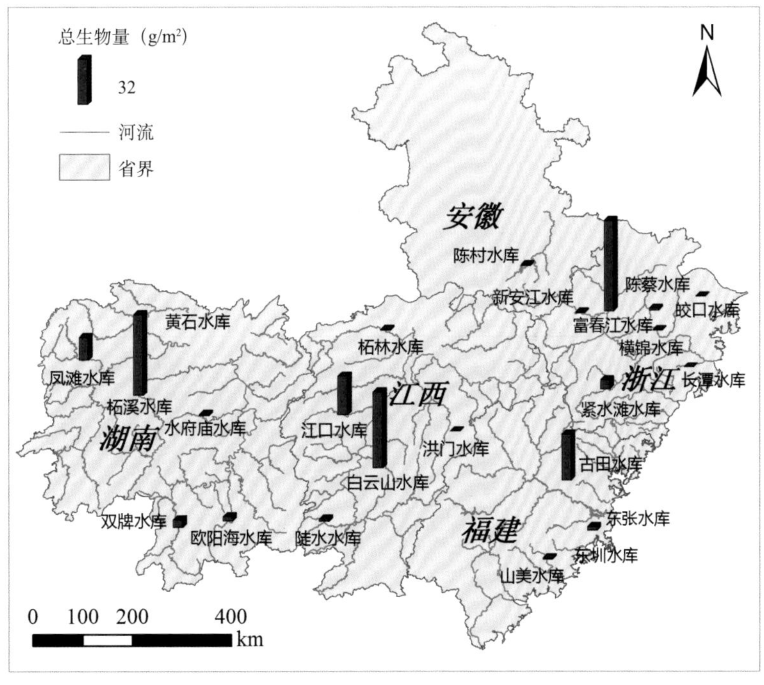

总体而言，密度上以耐污类群寡毛类和昆虫纲（主要是摇蚊幼虫）占优势，在 13 个水库占据优势，水库沿岸带主要为腹足纲、双壳纲和甲壳纲。生物量方面，寡毛类和昆虫纲占优的水库数量有 9 个，腹足纲和双壳纲占优势的水库数量为 12 个。

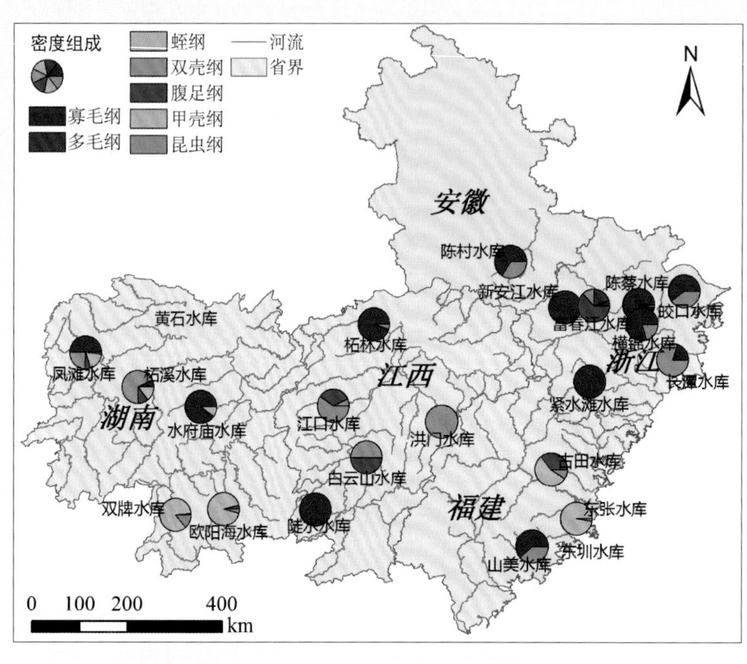

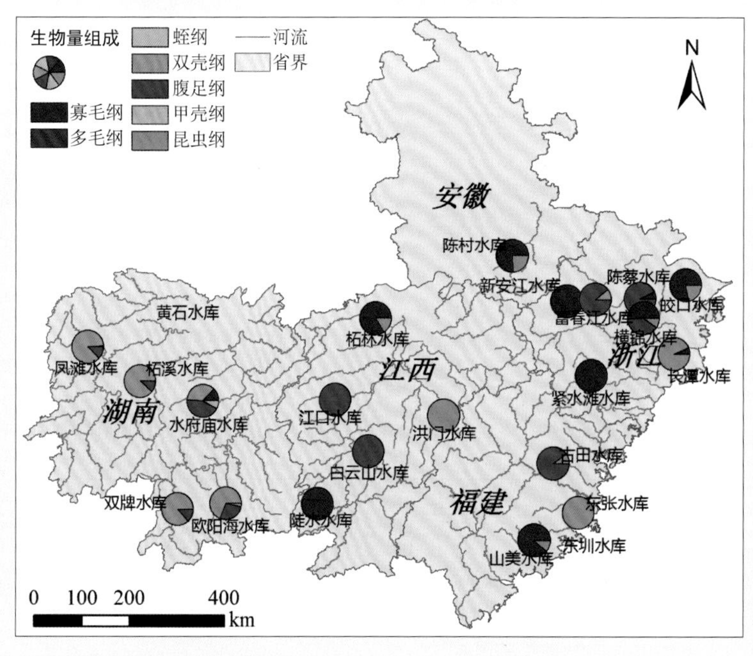

典型水库丰水期底栖动物密度空间差异显著。紧水滩水库和柘林水库寡毛纲密度最高。多毛纲仅在富春江水库出现。双壳纲在凤滩水库和柘溪水库密度较高。腹足纲和双壳纲在富春江水库最高。昆虫纲在山美水库密度最高。

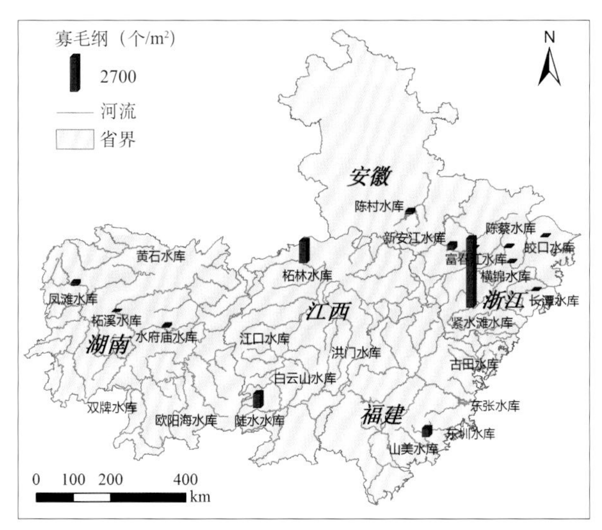

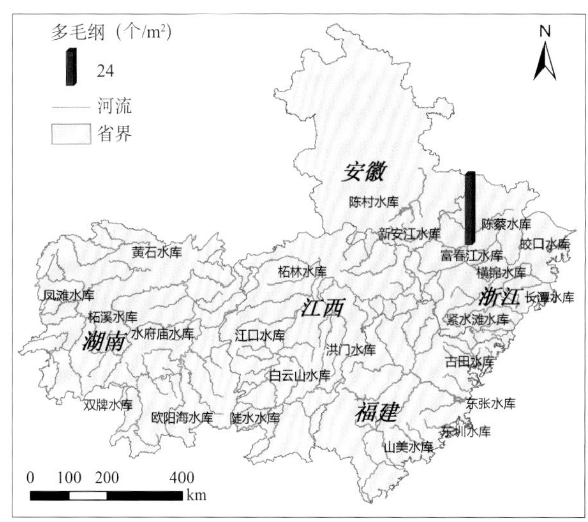

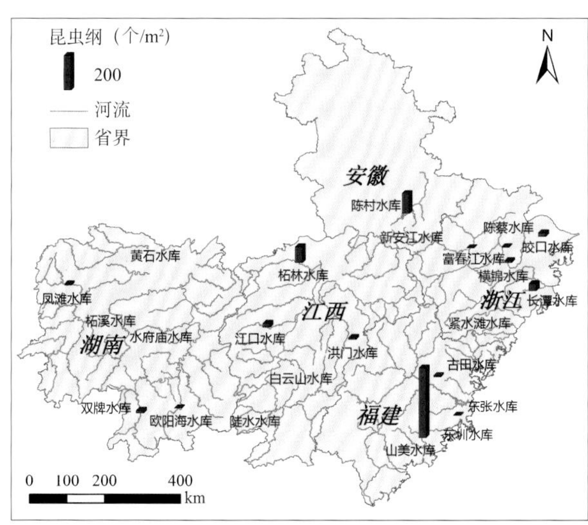

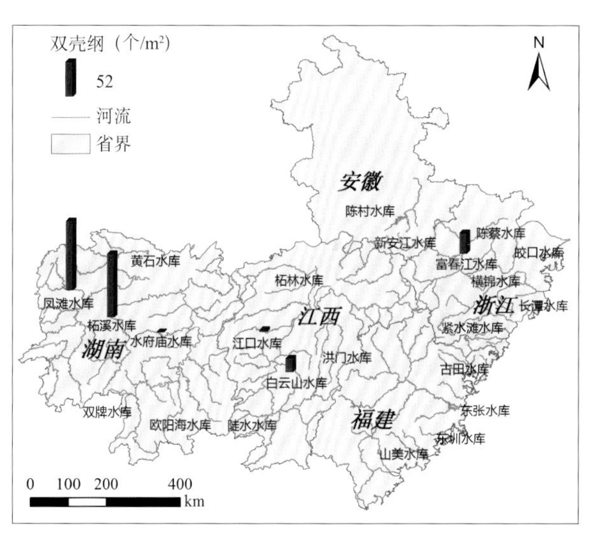

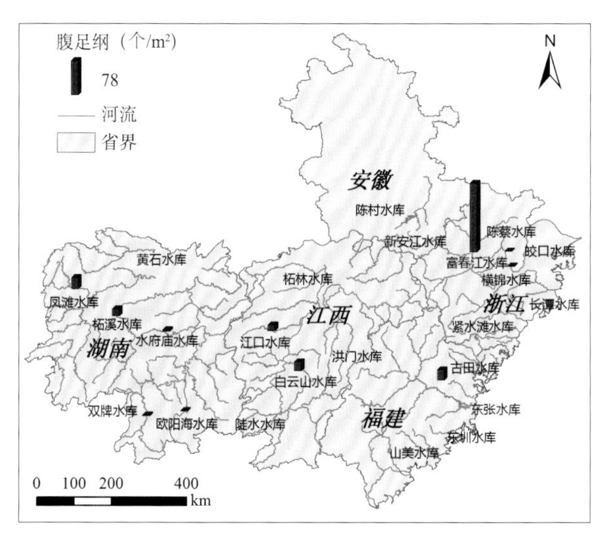

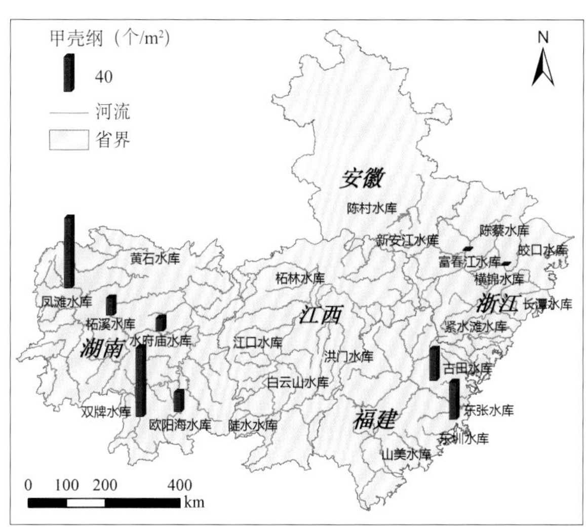

典型水库丰水期底栖动物生物量空间差异显著。紧水滩水库寡毛纲生物量最高。富春江水库多毛纲生物量最高。双壳纲在凤滩水库和柘溪水库最高。腹足纲在富春江水库生物量最高。甲壳纲生物量均较低。昆虫纲生物量高值出现在陈村水库。

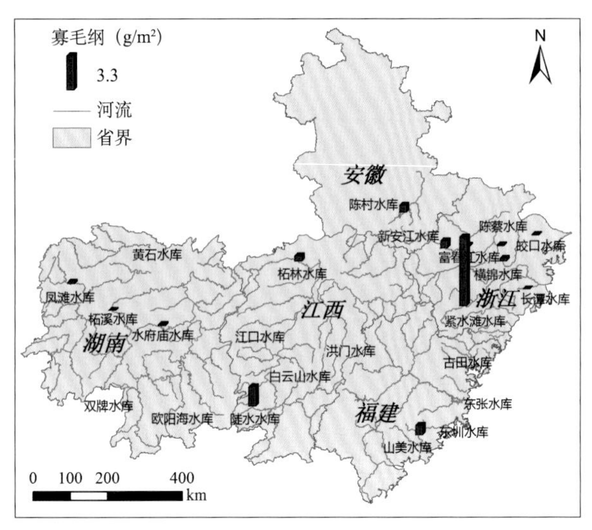

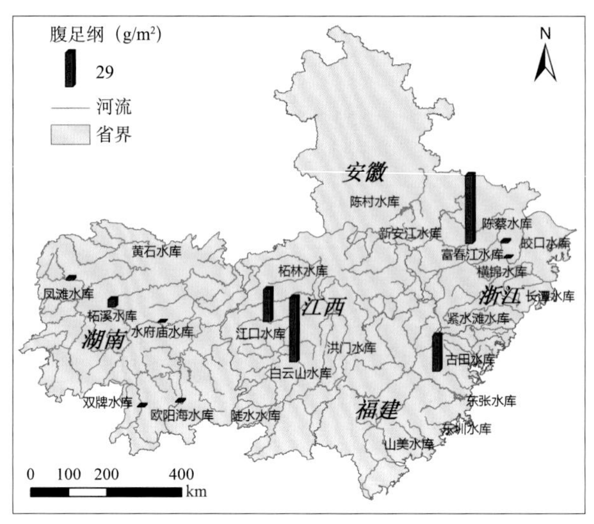

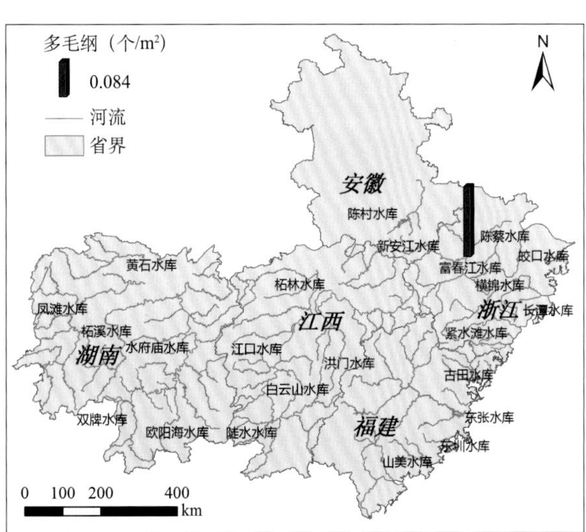

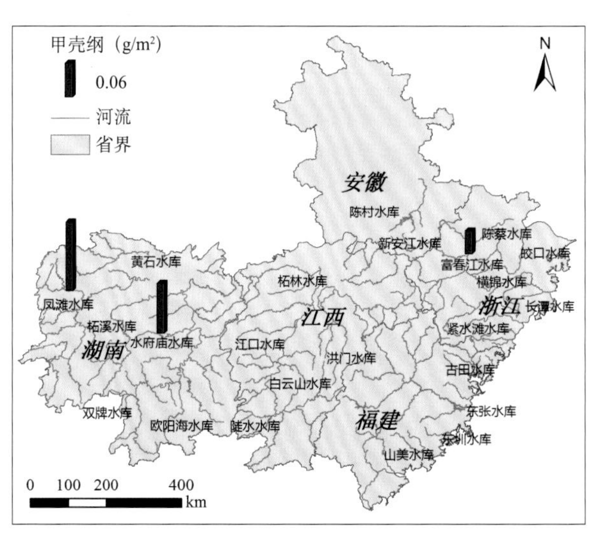

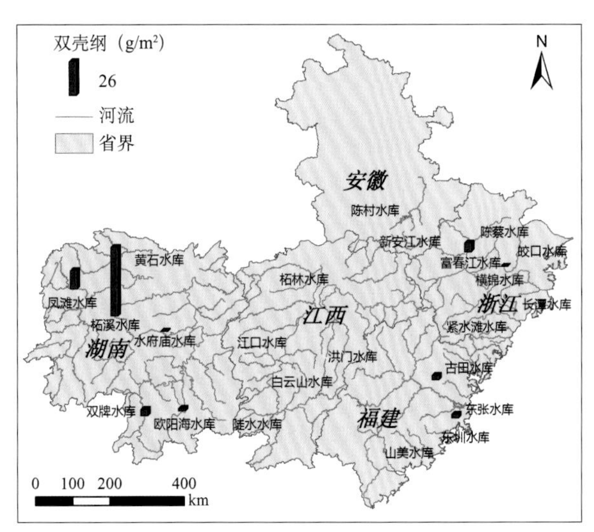

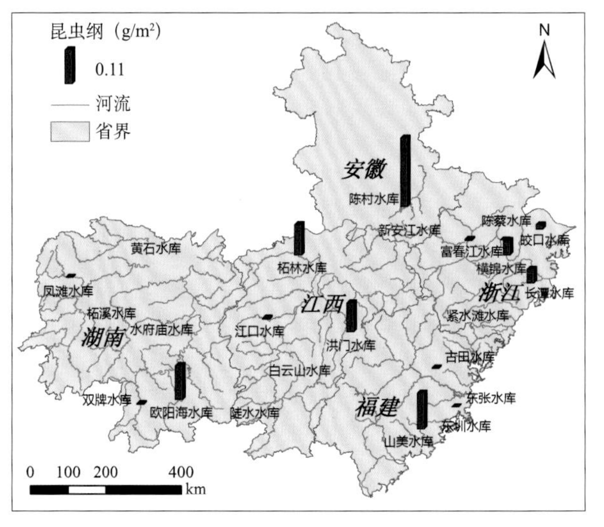

枯水期水库底栖动物密度和生物量空间差异显著。总密度介于 0～1200 个 /m^2，平均值为 266 个 /m^2。总生物量介于 0～117.67 g/m^2，平均值为 15.57 g/m^2。

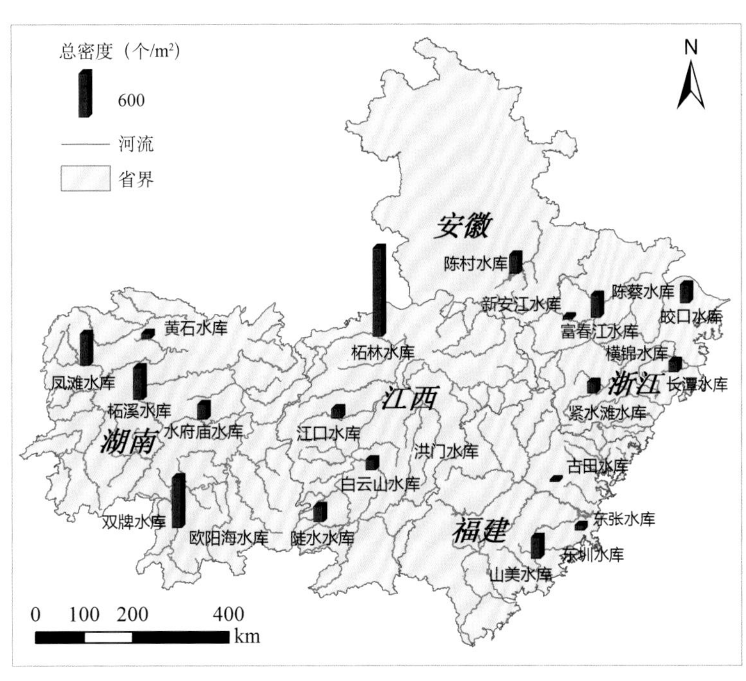

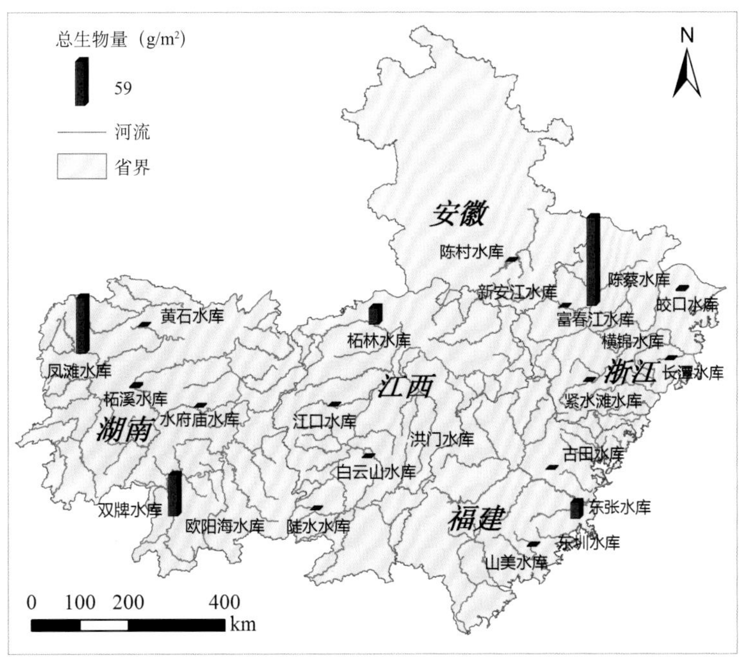

密度方面，16 个水库以寡毛类和昆虫纲（主要是摇蚊幼虫）为优势类群。生物量方面，寡毛类和昆虫纲占优势的水库有 13 个，腹足纲和双壳纲占优势的水库有 5 个。水库网箱养殖区底栖动物密度显著高于其他区域，主要以耐污类群寡毛纲和摇蚊幼虫为主，深水区密度高于沿岸带。

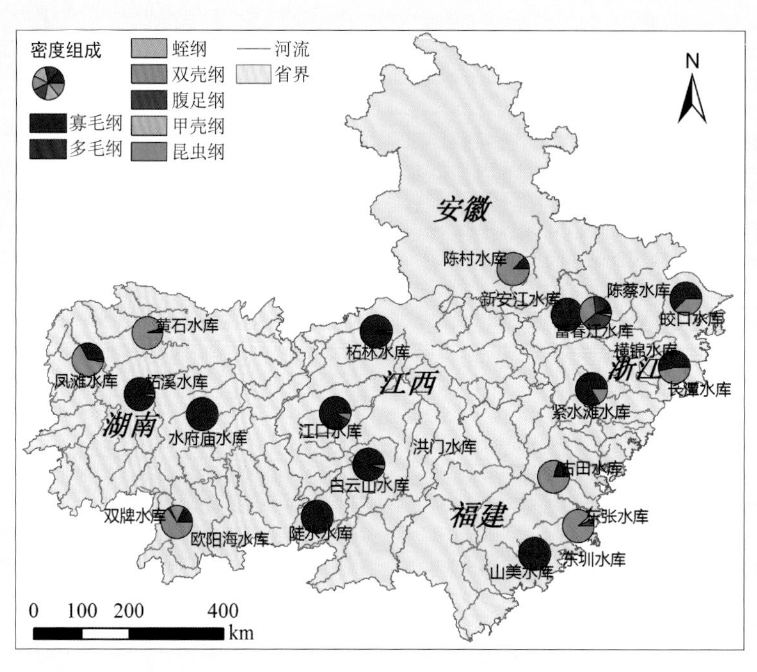

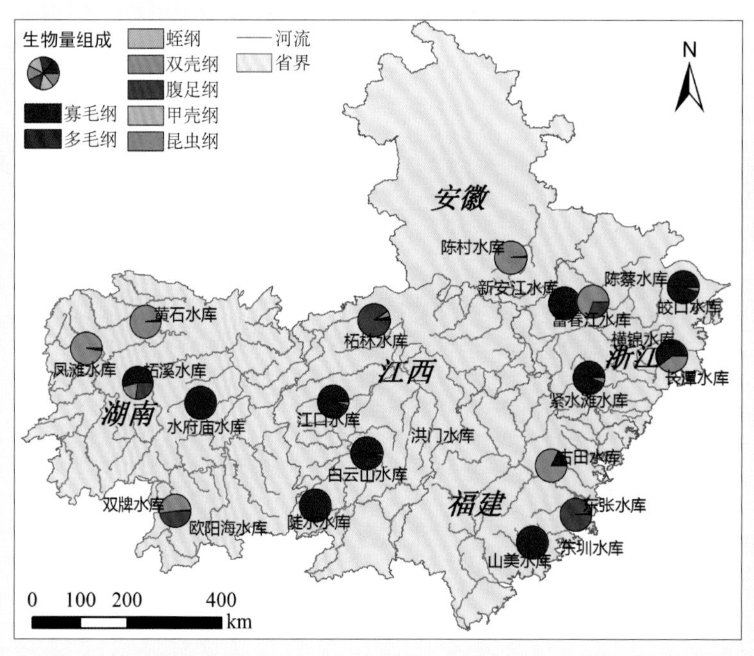

水库枯水期底栖动物密度空间差异显著。寡毛纲密度高值出现在柘林水库、柘溪水库等。多毛纲高值出现在富春江水库。蛭纲密度较低。双壳纲高值出现在凤滩水库和双牌水库。腹足纲高值出现在富春江水库。昆虫纲高值出现在双牌水库和陈村水库。

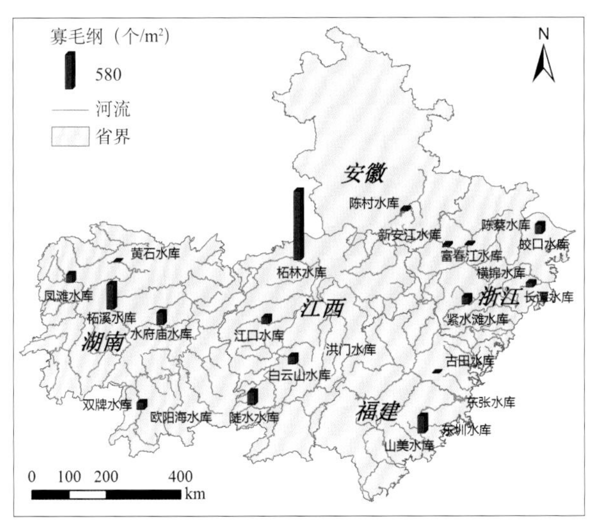

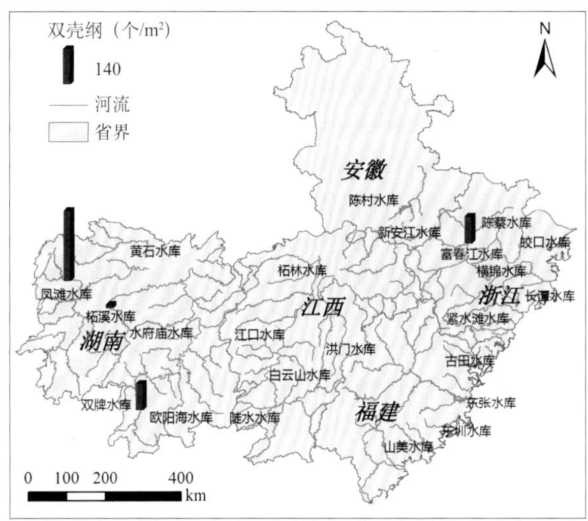

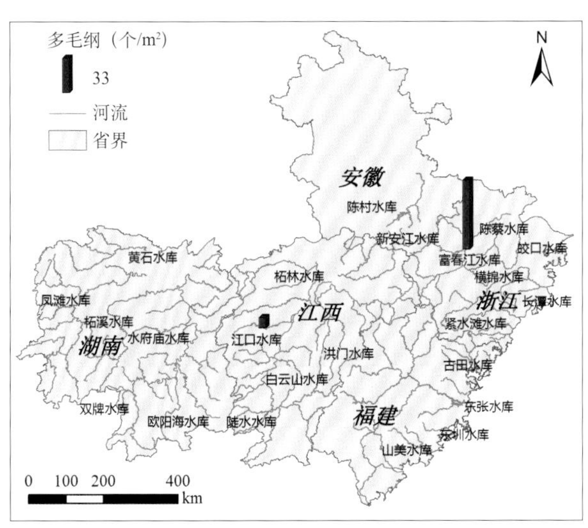

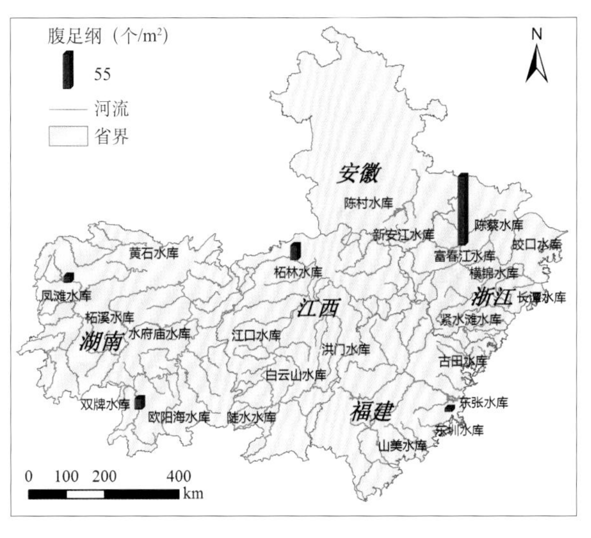

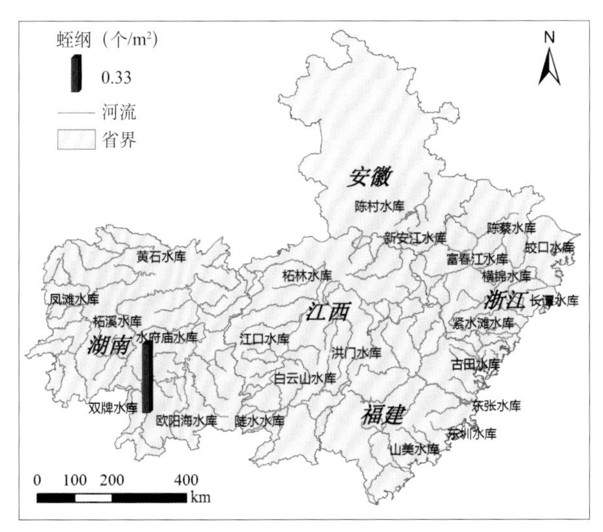

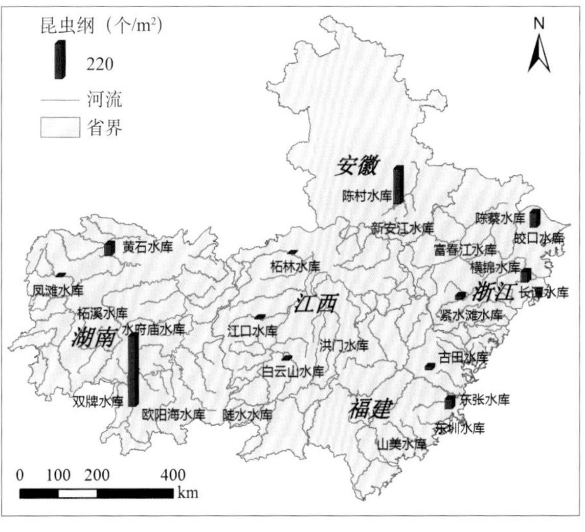

典型水库枯水期底栖动物生物量空间差异显著。寡毛纲高值出现在柘溪水库和皎口水库。多毛纲高值出现在富春江水库。蛭纲生物量较低。双壳纲高值出现在凤滩水库和富春江水库。腹足纲高值出现在富春江水库。昆虫纲高值出现在陈村水库。

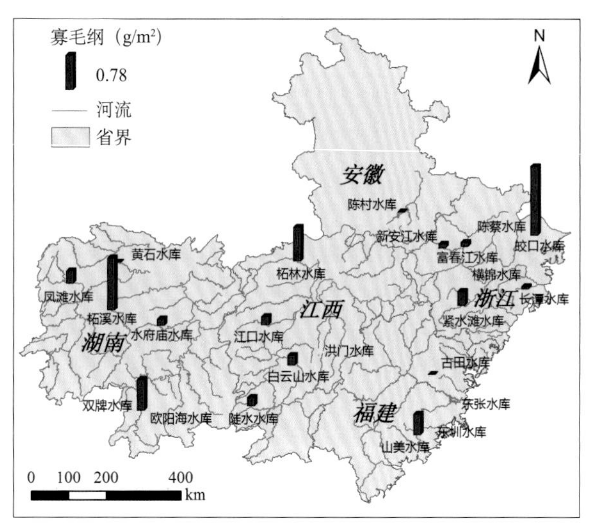

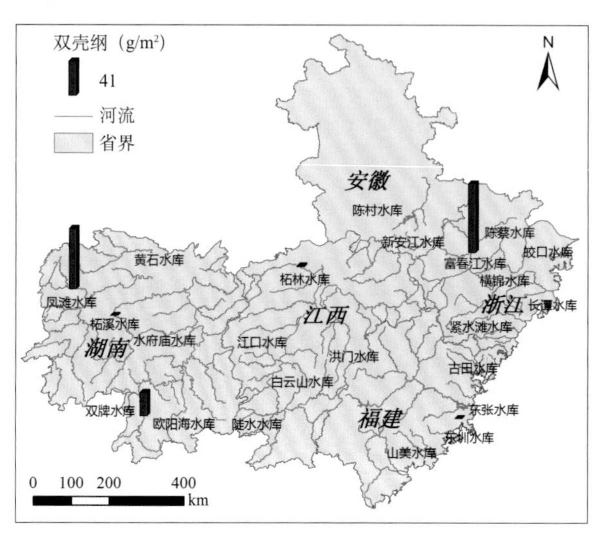

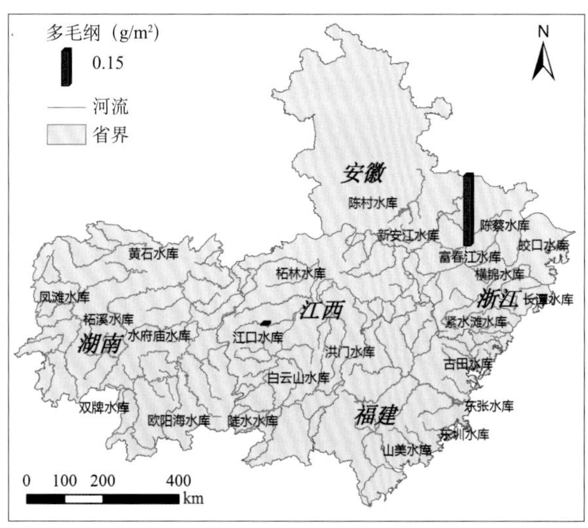

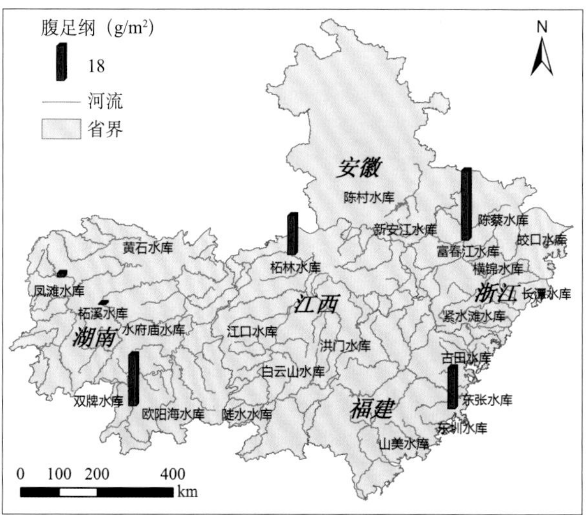

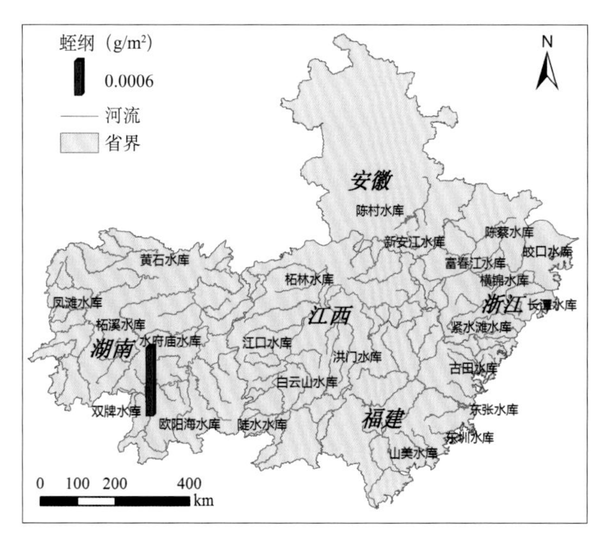

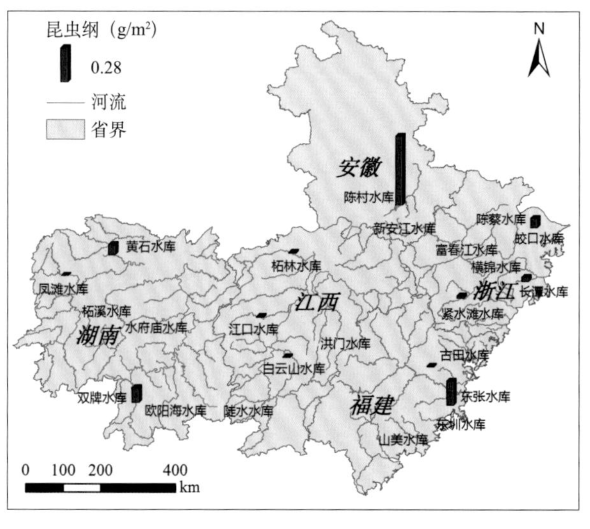

水库底栖动物多样性普遍较低，空间差异显著。底栖动物物种数介于 1～9 种，平均值为 7.7 种，Margalef 丰富度指数平均值为 1.39，Shannon-Wiener 多样性指数平均值为 1.11，Pielou 均匀度指数平均值为 0.54。总体而言，洪门水库多样性最低，富春江水库多样性最高。不同水系间底栖动物多样性差异不显著，丰水期和枯水期多样性差异不显著，沿岸带底栖动物多样性高于深水区。

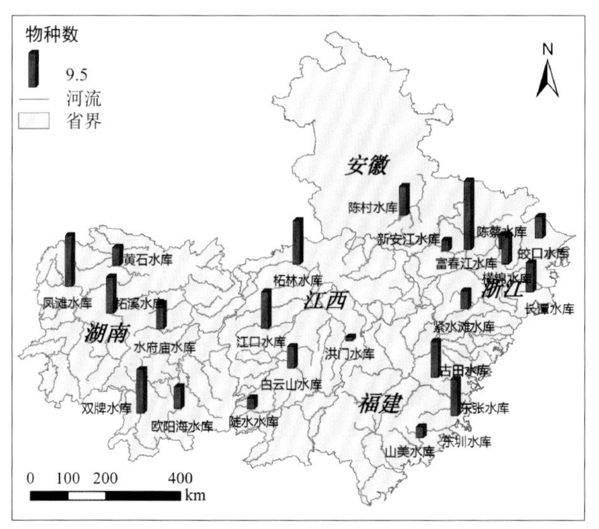

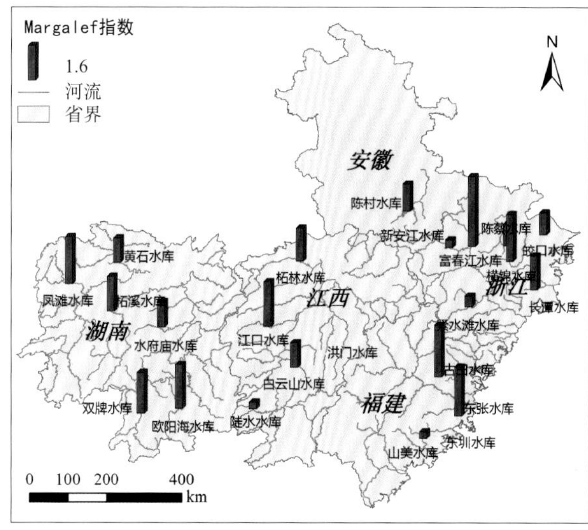

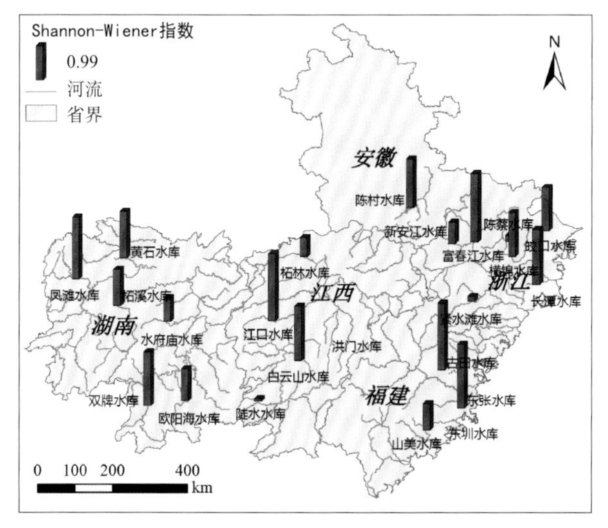

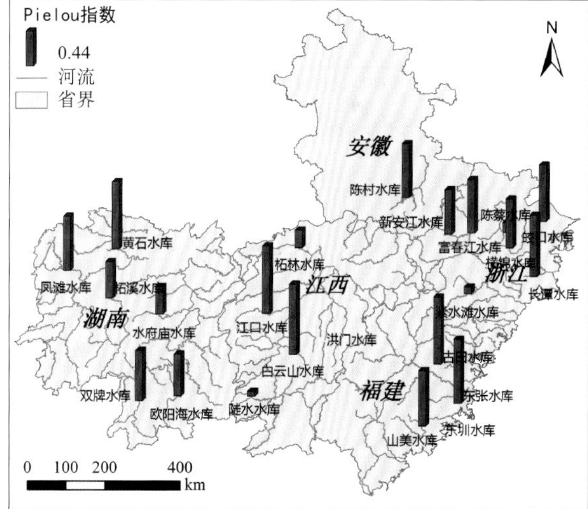

底栖动物主要类群的生物量及多样性在不同季节间差异不显著。

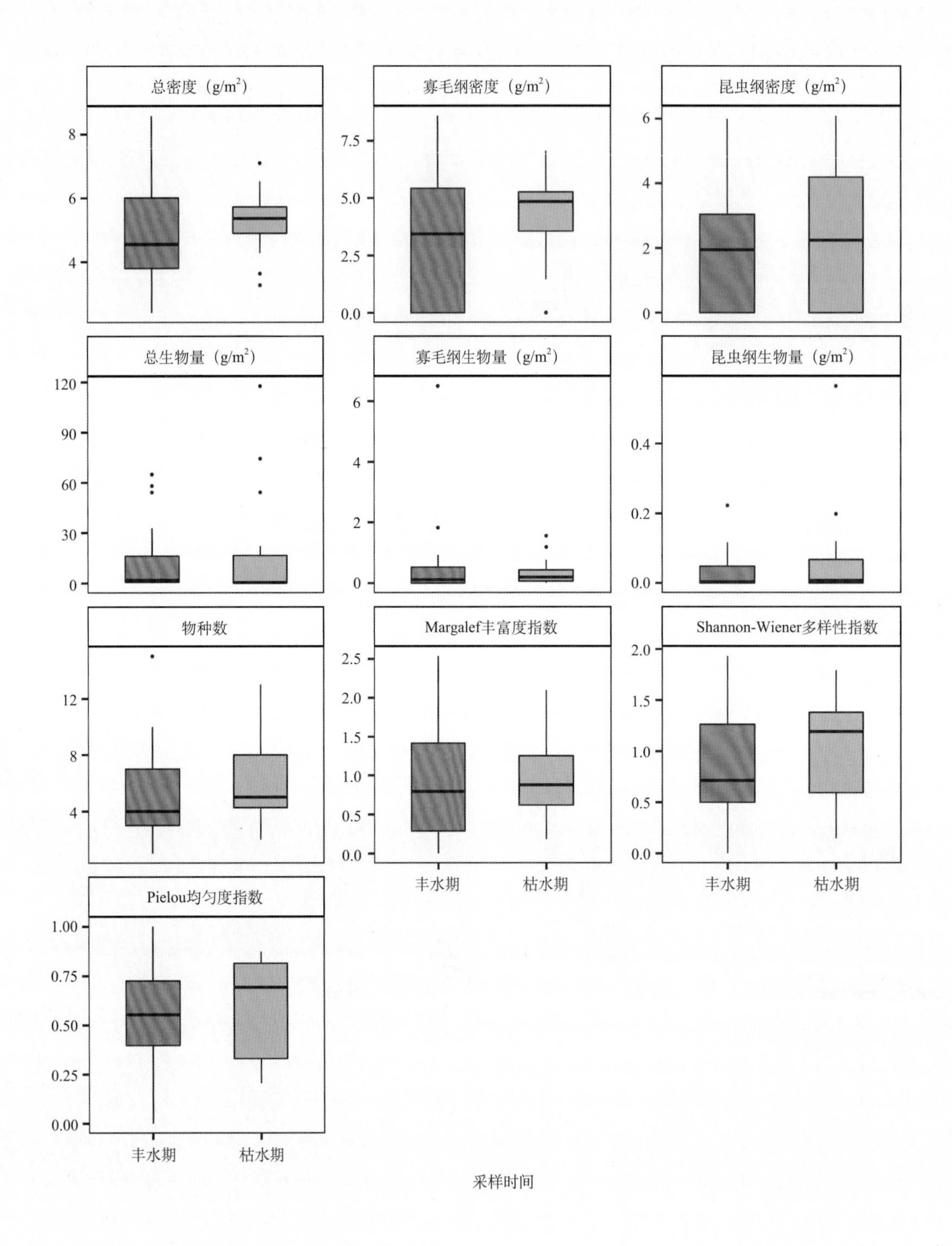

各水库评价指数差异显著。从耐污类群寡毛类密度来看，低于 100 个 /m² 的水库数量占总数量的 59%，介于 100～1000 个 /m² 的水库数量占 27.3%，超过 1000 个 /m² 的水库有 2 个。BPI 指数得分范围为 0.22～5.71，得分范围为 0.5～1.5 和 1.5～5.0 的水库分别占总数量的 45.5% 和 41.0%。总体判断约一半水库底质生境质量良好，少数有机质污染严重，可能受到养殖业的影响。

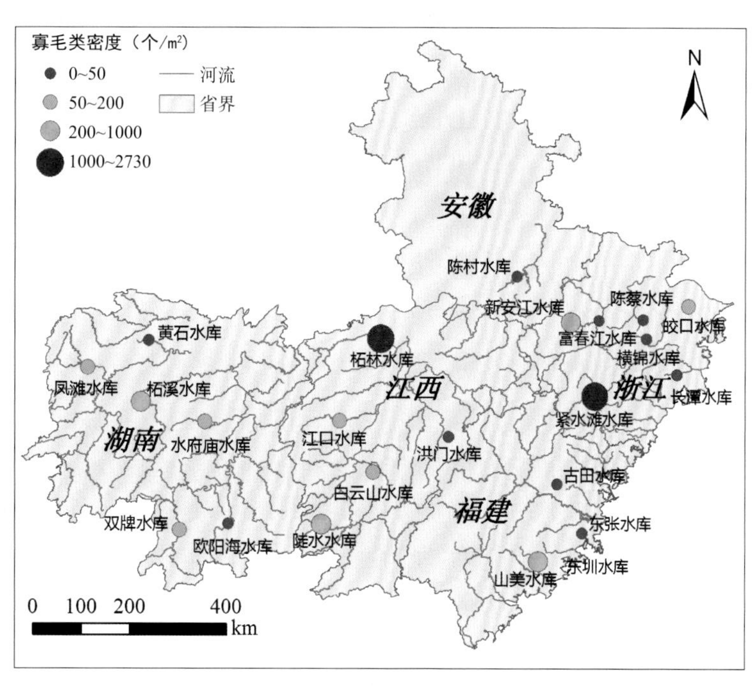

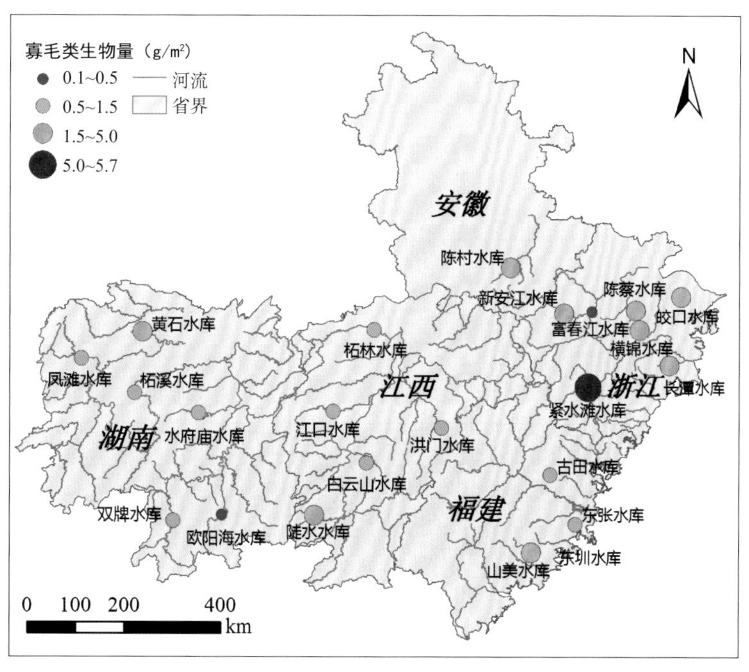

3 结论与展望

我国南方丘陵山区主要河流水体主要污染物为总氮、总磷、氨氮以及有机污染（高锰酸盐指数），丰水期浙江省瓯江、钱塘江以及福建省九龙江普遍为V类～劣V类水质，江西省修水、抚河、饶河、信江以及湖南省沅江、澧水水质满足地表水II～III类水质标准，赣江、湘江和资水水质为VI～劣V类，枯水期水质状况下降明显。南方丘陵山区河流水质状况呈现较为明显的空间分布特征，浙闽水系河流水质污染状况严重，其次为洞庭湖水系，鄱阳湖水系河流水质污染程度较低。河流不同河段水质普遍表现为上游优于中游和下游，以枯水期较为明显。

南方丘陵地区调查区内水库水质的主要问题是总氮超标，浙闽水系内水库水环境较洞庭湖水系和鄱阳湖水系内水库要差，总磷、总氮及氨氮等指标显著高于其他流域内水库，水环境恶化趋势需引起重视。水库水质类别整体表现为丰水期优于枯水期，丰水期的主要污染物为氨氮，枯水期的主要污染物为氨氮和总氮。综合营养状态指数评价结果表明，南方丘陵山区典型水库营养化程度丰水期高于枯水期。丰水期有22.73%的水库为贫营养状态外，其余水库均处于中营养到富营养水平。枯水期水库水体营养化程度显著下降，普遍为贫营养状态。福建省内水库水体富营养化程度高于浙江省内水库以及鄱阳湖水系和洞庭湖水系内水库水体富营养化水平。

调查区主要河流与典型水库均存在不同程度的重金属污染状况，主要呈现个别重金属指标在局部河段或部分水库赋存量较高的状态。其中湖南省和江西省省域典型水库重金属累积率显著高于其他省区，浙江省与福建省水库重金属污染水平相对较低。河流重金属污染指标主要以Zn、Pb和As为主，而水库中Cr、Al和Zn存量相对较高。水库底质的总氮水平大都高于太湖巢湖等富营养化湖泊，处于严重污染级别的占17%，而总磷等则相对较低。湖南凤滩水库等底质显示出极高的Cd富集率，同时还有Zn和Pb的富集问题。而福建的水库底质则以Ti等重金属富集为主。

研究区主要水体底栖动物分布也存在显著差异。其中河流中底栖动物以腹足纲、双壳纲、甲壳纲为主，最高总密度位于九龙江下游，昆虫类在上游河段占据优势，寡毛类在部分下游河段占优。从南方丘陵山区河流底栖生物指示结果看，河流从上游到下游水质趋于显著下降。在水库中紧水滩水库和柘林水库寡毛纲密度最高，多毛纲仅在富春江水库出现，双壳纲在凤滩水库和柘溪水库密度较高，腹足纲在富春江水库最高，而昆虫纲在山美水库密度最高。

本图集是在实地调查与系统采样基础上，探明了我国南方丘陵山区主要河流与典型水库水质时空变化趋势，判别了水质类别与水体富营养化状态，揭示了研究区主要河流水质存在较强的时空差异，以及水库水质状况显著受流域内人为开发强度的影响等结论。对于流域内土地利用、水土流失、经济社会发展等分析以及矿业污染评估等具有一定的作用。

我国南方丘陵山区是水资源比较丰富的区域，也是经济正在快速发展的区域，20 年前南方山区综合科学考察队发现的主要区域问题仍然存在，如水土流失、人多地少、人地关系紧张、矿产资源开采引发环境问题，以及城镇化引起的耕地减少、土壤污染、水体污染与富营养化等。因此，该区域的河流水库的水环境状况仍处在快速变化中，在一定时期后，有必要再次进行考察和评估，以更好地跟踪和理解南方丘陵山区水环境的总体状况。

参考文献

REFERENCE

国家环境保护总局，国家质量监督检验检疫局，2002. 地表水环境质量标准：GB 3838—2002 [S]. 北京：中国环境科学出版社.

国家环境保护总局《水和废水监测分析方法》编委会，2002. 水和废水监测分析方法（第四版）[M]. 北京：中国环境科学出版社.

韩博平，2010. 中国水库生态学研究的回顾与展望 [J]. 湖泊科学，22(2): 151−160.

金相灿，屠清瑛，1990. 湖泊富营养化调查规范（第二版）[M]. 北京：中国环境科学出版社.

马经安，李红清，2002. 浅谈国内外江河湖库水体富营养化状况 [J]. 长江流域资源与环境，11(6): 575−578.

生态环境部，国家市场监督管理总局，2018. 土壤环境质量农用地土壤污染风险管控标准（试行）：GB 15618—2018 [S]. 北京：中国标准出版社.

王明翠，刘雪芹，张建辉，2002. 湖泊富营养化评价方法及分级标准 [J]. 中国环境监测，18(5): 47−49.

王苏民，窦鸿身，等，1998. 中国湖泊志 [M]. 北京：科学出版社.

中华人民共和国生态环境部，2018. 2017 中国生态环境状况公报 [R]. 北京：中华人民共和国生态环境部.

中华人民共和国生态环境部，2017. 2016 中国环境状况公报 [R]. 北京：中华人民共和国生态环境部.

朱道清，2007. 中国水系辞典 [M]. 青岛：青岛出版社.

附 录

A 水库、河流基本信息

附表 A.1 南方丘陵河流基本特征

河流名称	流域面积（万 km^2）	多年平均年径流量（亿 m^3）	河流长度（km）	发源地	流经主要省份
赣江	8.35	686.0	766	江西省赣州市石城县石寮	江西
抚河	1.58	165.8	312	江西省抚州市广昌县	江西
修水	1.48	135.1	357	江西省九江市修水县的幕阜山脉黄龙山东燕龙湫池顶	江西
信江	1.76	209.1	313	江西省上饶市玉山县三清乡平家源	福建、浙江、江西
饶河	1.53	165.6	313	江西省婺源县段莘乡五龙山	安徽、浙江、江西
湘江	9.47	722.0	948	湖南省永州市蓝山县	湖南、广西
资水	2.81	217.0	653	湖南省邵阳市城步苗族自治县、广西省资源县	湖南、广西
沅江	8.92	393.3	1033	贵州都匀市苗岭山脉斗篷山	贵州省、湖南省
澧水	1.85	131.2	407	北源源于湖南省桑植县杉木界、中源源于桑植县八大公山东麓、南源源于湖南永顺县龙家寨	湖南省、湖北省
青弋江	0.82	49.0	275	安徽省黟县黄山北麓	安徽省
闽江	6.10	620.0	562	福建省三明市建宁县均口镇台田村严峰山西南坡	福建、浙江
九龙江	1.47	82.2	258	福建省龙岩市连城曲溪乡黄胜村	福建
钱塘江	5.56	442.5	589	北源安徽黄山市休宁县新安江，南源浙江省衢州市开化县马金溪	安徽、浙江
瓯江	1.81	202.7	384	浙江省丽水市龙泉市与庆元县交界的百山祖西北麓锅帽尖	浙江

附表 A.2 南方丘陵典型水库基本特征

水库名称	所在省份	集水区面积（km^2）	总库容（亿 m^3）	建设年份
陈村水库	安徽	2782	24.7	1957
东张水库	福建	200	1.99	1957
东圳水库	福建	321	4.35	1958
古田水库	福建	1325	6.42	1958
山美水库	福建	1023	6.55	1958
凤滩水库	湖南	17500	17.33	1970
黄石水库	湖南	5522	6	1967
欧阳海水库	湖南	5409	4.24	1966
水府庙水库	湖南	3160	5.6	1958
柘溪水库	湖南	22640	35.7	1958
双牌水库	湖南	10330	6.9	1958
白云山水库	江西	464	1.14	1955
陡水水库	江西	3190	8.22	1955
洪门水库	江西	2376	12.16	1965
江口水库	江西	3900	8.9	1958
柘林水库	江西	9340	79.2	1975
富春江水库	浙江	31300	8.74	1958
横锦水库	浙江	383	2.81	1970
陈蔡水库	浙江	187	1.164	1977
皎口水库	浙江	259	1.198	1970
紧水滩水库	浙江	2761	13.93	1978
长潭水库	浙江	441	4.6	1958
新安江水库	浙江、安徽	10442	216.26	1959

B 分析指标与分析方法

附表 B.1 理化参数分析指标及分析方法

序号	中文名称	英文对照（缩写）	分析方法	规范性引用文件	单位
1	透明度	SD	黑白板法	《湖泊富营养化调查规范》（第二版）	m
2	pH	pH	YSI多参数水质分析仪	*	
3	溶解氧	DO	YSI多参数水质分析仪	*	mg/L
4	氧化还原电位	ORP	YSI多参数水质分析仪	*	mV
5	悬浮物	SS	重量法	GB/T 11901—1989	mg/L
6	氟离子	F^-	离子色谱法	HJ/T 84—2001	mg/L
7	氯离子	Cl^-	离子色谱法	HJ/T 84—2001	mg/L
8	硫酸根离子	SO_4^{2-}	离子色谱法	HJ/T 84—2001	mg/L
9	总磷	TP	钼酸铵分光光度法	GB/T 11893—1989	mg/L
10	总氮	TN	过硫酸钾紫外分光光度法	GB/T 11894—1989	mg/L
11	硝态氮	NO_3^-	紫外分光光度法	HJ/T 346—2007	mg/L
12	亚硝态氮	NO_2^-	N-(1-萘基)-乙二胺分光光度法	《湖泊富营养化调查规范》（第二版）、《水和废水监测分析方法》（第四版）	mg/L
13	铵氮	NH_4^+	水杨酸分光光度法	GB/T 7481—1987	mg/L
14	高锰酸盐指数	COD_{Mn}	酸性法	《湖泊富营养化调查规范》（第二版）、《水和废水监测分析方法》（第四版）	mg/L
15	总有机碳	TOC	非分散红外线吸收法	GB/T 13193—1991	mg/L

续表

序号	中文名称	英文对照（缩写）	分析方法	规范性引用文件	单位
16	叶绿素 a	Chla	分光光度法	SL88—1994	mg/L
17	钙、钾、镁、钠、硅	Ca、K、Mg、Na、Si	火焰原子吸收分光光度法 ICP-AES	GB /T 11904—1989	mg/L
22	铝、钛、钒、铬、锰、铁、钴、镍、铜、锌、砷、锶、钼、银、镉、锡、锑、钡、铊、铅、锂	Al、Ti、V、Cr、Mn、Fe、Co、Ni、Cu、Zn、As、Sr、Mo、Ag、Cd、Se、Sb、Ba、Tl、Pb、Li	电感耦合等离子发射光谱法 ICP-MS	GB/T 20566—2006	μg/L
41	汞	Hg	电感耦合等离子发射光谱法 ICP-MS	GB/T 20566—2006	μg/L
42	铝、钡、钙、铁、钾、锂、镁、锰、钠、锶、锑、钒、锌	Al、Ba、Ca、K、Li、Mg、Na、Fe、Mn、Sr、Sb、V、Zn	火焰原子吸收分光光度法 ICP-AES；微波消解－原子荧光法	GB/T 20566—2006；HJ 680—2013；	mg/kg
55	铬、钴、镍、铜、砷、钼、镉、钛、锑、铊、铅	Cr、Co、Ni、Cu、As、Mo、Cd、Ti、Sb、Tl、Pb	电感耦合等离子发射光谱法 ICP-MS；原子荧光法；火焰原子吸收分光光度法；微波消解－原子荧光法	GB/T 20566—2006；GB 22105.1—2008；GB 22105.2—2008；GB/T 17138—1997；GB/T 17139—1997；HJ 680—2013；HJ 491—2009	mg/kg
66	汞	Hg	原子荧光法－全自动固体测汞仪	HJ 680—2013	mg/kg
67	底栖动物种类	种类、密度、生物量、多样性	解破镜、显微镜镜检	HJ 710.8—2014	

注：对于在某些情况下利用仪器现场分析的项目，做如下要求：利用 YSI 多参数水质监测仪进行理化参数测定实际应用时，要熟练掌握仪器的使用，注意仪器测定项目的适用范围，按照要求定期对待测项目进行校准，校准按照厂家说明书进行。探头有一定的使用寿命，应根据探头实际使用状况采取相应措施进行维护或更换。

C 底栖动物名录

附表 C.1 南方丘陵山区河流底栖动物物种名录

中文名	拉丁名	江西					湖南				浙江		福建		安徽
		饶河	信江	抚河	赣江	修水	湘江	澧水	沅江	资水	钱塘江	瓯江	闽江	九龙江	青弋江
寡毛纲	**Oligochaeta**														
霍甫水丝蚓	*Limnodrilus hoffmeisteri*	ZX	S	SX	S	SX		SX	SX	SX	S	SX	SZ	ZX	S
苏氏尾鳃蚓	*Branchiura sowerbyi*	SX	X	SZ		X		SZX	SZ	S	SX	ZX	SZ	ZX	SX
巨毛水丝蚓	*Limnodrilus grandisetosus*			Z											
中华河蚓	*Rhyacodrilus sinicus*							S							
多毛纲	**Polychaeta**														
寡鳃齿吻沙蚕	*Nephtys oligobranchia*										X				ZX
日本刺沙蚕	*Nereis japonica*													Z	
蛭纲	**Hirudinea**														
扁舌蛭	*Glossiphonia complanata*	S		S		X		X		S	S		ZX	S	
宽身舌蛭	*Glossiphonia lata*										Z				X
舌蛭科	*Glossiphoniidae* sp.						Z							S	
泽蛭属	*Helobdella fusca*	S		S				X			S			Z	
医蛭属	*Hirudo* sp.								S						
宽体金线蛭	*Whitmania pigra*			S					S						S
巴蛭属	*Barbronia* sp.											Z		S	
石蛭属	*Erpobdella* sp.							X		S					
双壳纲	**Bivalvia**														
河蚬	*Corbicula fluminea*	SX	Z	SZX	SX	Z	SZ	SZX		SZ	SZ	SZ	SZX	ZX	ZX
淡水壳菜	*Limnoperna fortunei*		X	X	SZX			SX			SZX		ZX	Z	X

续表

中文名	拉丁名	江西					湖南				浙江		福建		安徽
		饶河	信江	抚河	赣江	修水	湘江	澧水	沅江	资水	钱塘江	瓯江	闽江	九龙江	青弋江
中国淡水蛏	*Novaculina chinensis*										X				
背角无齿蚌	*Anodonta woodiana woodiana*	ZX		ZX		SZ					S				
圆顶珠蚌	*Unio douglasiae*	SZ				SZ	Z	X							
棘裂嵴蚌	*Schistodesmus spiosus*												Z		
背瘤丽蚌	*Lamprotula leai*		X		X										
腹足纲	**Gastropoda**														
铜锈环棱螺	*Bellamya aeruginosa*	ZX	ZX	SX	SX	SZX	SZX	SZX	SZX	SZX	SZ		SZ	ZX	SZX
小管福寿螺	*Pomacea canaliculata*		Z						S						
耳河螺	*Rivularia auriculata*		SX			X									
方格短沟蜷	*Semisulcospira cancelata*	SX	ZX	SX	X	SZX	Z	ZX	SX	SZ	SZ		SZ	Z	SX
放逸短沟蜷	*Semisulcospira libertina*			S	X										
异样短沟蜷	*Semisulcospira peregrinorum*						SZ	SZX	S	SZ			Z		
光滑狭口螺	*Stenothyra glabra*				S		Z	SX		X	SX	Z	S		S
大沼螺	*Parafossarulus eximius*	ZX				Z	SZ		X	X	S				
纹沼螺	*Parafossarulus striatulus*		Z				S			Z	SZ				S
长角涵螺	*Alocinma longicornis*		Z				S	X	Z	Z	SZ				
赤豆螺	*Bithynia fuchsiana*							Z							
尖口圆扁螺	*Hippeutis cantori*	S			S			S							
大脐圆扁螺	*Hippeutis umbilicalis*						S								
椭圆萝卜螺	*Radix swinhoei*	S	S	S	S	S	SZX	SZX	SZX	SZX		Z			
尖膀胱螺	*Physa acuta*		S	S		S	S	X	SZ	SZ			SZ	S	

续表

中文名	拉丁名	江西					湖南				浙江		福建		安徽
		饶河	信江	抚河	赣江	修水	湘江	澧水	沅江	资水	钱塘江	瓯江	闽江	九龙江	青弋江
软甲纲	**Malacostraca**														
大螯蜚	*Grandidierella* sp.											X			
中华齿米虾	*Neocaridina denticulata sinensis*	Z				SZ	SZX	SZ	SX	SZX			S	SZ	
秀丽白虾	*Exopalaemon modestus*						X	X	SZX		S				
日本沼虾	*Macrobrachium nipponense*	X	Z	SX	S	X	Z	SZ				S	X		
锯齿新米虾	*Neocaridina denticulata*	SX	SZX		Z		S	SZ		SZ		Z	Z		
细足米虾	*Caridina nilotica gracilipes*									S			S		
栉水虱属	*Asellus aquaticus*									X					
昆虫纲	**Insecta**														
中国长足摇蚊	*Tanypus chinensis*												Z		
前突摇蚊属	*Procladius* sp.	SX			S			Z				S		Z	
多齿齿斑摇蚊	*Stictochironomus multannulatus*	S													
小云多足摇蚊	*Polypedilum nubeculosum*	S		X				S						S	
梯形多足摇蚊	*Ploypedilum scalaenum*		S												
马速达多足摇蚊	*Polypedilum masudai*														SZ
林间环足摇蚊	*Cricotopus sylvestris*							Z	Z	Z					
双线环足摇蚊	*Cricotopus bicinctus*	S				Z		X						S	
平滑环足摇蚊	*Cricotopus vierriensis*			X	S	Z									
隐摇蚊属	*Cryptochironomus* sp.				S			S			S		Z		
羽摇蚊	*Chironomus plumosus*		S	Z		S					S		S	Z	Z
浅白雕翅摇蚊	*Glyptotendipes* sp.							X				X			

续表

中文名	拉丁名	江西					湖南				浙江		福建		安徽
		饶河	信江	抚河	赣江	修水	湘江	澧水	沅江	资水	钱塘江	瓯江	闽江	九龙江	青弋江
巴比雕翅摇蚊	*Glyptotendipes barbipes*	X										S			
翘叶真开氏摇蚊	*Eukiefferiella brehmi*													S	
真开氏摇蚊	*Eukiefferiella claripennis*												S		
叶二叉摇蚊	*Dicrotendipus lobifer*				S	X							Z		
拟长跗摇蚊属	*Tanytarsus* sp.							Z							
渐变长跗摇蚊	*Tanytarsus mendax*				S										
瓦莱直突摇蚊	*Orthocladius vaillanti*							Z							
白间摇蚊	*Paratendipes albimannus*													S	
朝大蚊属	*Antocha* sp.							SX							
棘膝大蚊属	*Holorusia* sp.													S	
锥长足虻属	*Rhaphium* sp.											Z			
虻科	*Tabanidae* sp.											Z			
蠓科	*Ceratopogouidae* sp.	S	S												
筒水螟属	*Parapoynx* sp.						S								
黑斑溪水螟幼虫	*Potamomusa midas*			S										S	
扁蜉属	*Heptagenia* sp.	S			Z			S							
四节蜉属	*Baetis* sp.		S					SZ		Z					
蜉蝣属	*Ephemera* sp.							SZ							
短丝蜉属	*Siphlomurus* sp.	S			Z										
纹石蛾属	*Hydropsyche* sp.		S											S	
低头石蚕	*Neureclipsis* sp.				SZ		S								
拟石蛾属	*Phryganopsyche* sp.		S												
近襀属	*Neoperlops* sp.													S	
色蟌科	*Calopterygidae* sp.	S						Z							
眉色蟌属	*Matrona* sp.		X												

续表

中文名	拉丁名	江西					湖南				浙江		福建		安徽
		饶河	信江	抚河	赣江	修水	湘江	澧水	沅江	资水	钱塘江	瓯江	闽江	九龙江	青弋江
细蟌属	*Aciagrion* sp.		Z					Z		SZ	S				
尾蟌属	*Cercion* sp.						S								
瘦蟌属	*Ischnura* sp.	S													
斑蟌属	*Pseudagrion* sp.	SZ		S				S		Z				Z	
锥腹蜻属	*Acisoma* sp.						S								
圆臂大蜓属	*Anotogaster* sp.									ZX					
黄翅蜻属	*Brachythemis* sp.						S			S					
丽大蜻属	*Epophthalmia* sp.							S							
半伪晴属	*Hemicordulia* sp.	S													
叶春蜓属	*Ictinogomphus* sp.	S													
猛春蜓属	*Labrogomphus* sp.			S											
蜻属	*Lebellula* sp.			S					S						
大异蜻属	*Macromidia* sp.												S		
硕春蜓属	*Megalogomphus* sp.	S											SZ		
红小蜻属	*Nannophya* sp.						S	S							
日春蜓属	*Nihonogomphus* sp.						S								
副春蜓属	*Paragomphus* sp.					Z									
玉带蜻属	*Pseudothemis* sp.			S											
新叶春蜓属	*Sinictinogomphus* sp.										S				
华春蜓属	*Sinogomphus* sp.										S				
斜痣蜻属	*Tramea* sp.		S												
开臀晴属	*Zyxomma* sp.			Z											
负子蝽科	*Belostomatidae* sp.		Z											S	

注：S代表上游，Z代表中游，X代表下游

附表 C.2 南方丘陵山区典型水库底栖动物物种名录

中文名	拉丁名	江西					湖南						浙江							福建				安徽
		柘林水库	江口水库	洪门水库	白云山水库	陡水水库	黄石水库	凤滩水库	柘溪水库	水府庙水库	双牌水库	欧阳海水库	新安江水库	富春江水库	陈蔡水库	横锦水库	皎口水库	长潭水库	紧水滩水库	古田水库	东张水库	东圳水库	山美水库	陈村水库
寡毛纲	**Oligochaeta**																							
霍甫水丝蚓	*Limnodrilus hoffmeisteri*	+	+		+	+		+	+	+			+	+	+	+	+	+	+	+			+	+
苏氏尾鳃蚓	*Branchiura sowerbyi*	+	+		+	+		+	+				+	+		+	+	+	+				+	+
巨毛水丝蚓	*Limnodrilus grandisetosus*	+	+		+		+	+	+	+	+		+	+					+					
中华河蚓	*Rhyacodrilus sinicus*	+				+		+								+				+				
多毛纲	**Polychaeta**																							
背蚓虫	*Notomastus latericeus*													+										
寡鳃齿吻沙蚕	*Nephtys oligobranchia*													+										
蛭纲	**Hirudinea**																							
宽身舌蛭	*Glossiphonia lata*										+													
泽蛭属	*Helobdella fusca*													+										
双壳纲	**Bivalvia**																							
河蚬	*Corbicula fluminea*							+	+		+			+										
湖球蚬	*Sphaerium lacustre*							+						+										
淡水壳菜	*Limnoperna fortunei*				+			+	+	+	+			+										
背角无齿蚌	*Anodonta woodiana*													+										
圆顶珠蚌	*Unio douglasiae*		+																					
腹足纲	**Gastropoda**																							
铜锈环棱螺	*Bellamya aeruginosa*	+	+		+			+	+	+	+	+		+	+	+				+	+			
方格短沟蜷	*Semisulcospira cancelata*	+										+		+										

续表

中文名	拉丁名	江西					湖南						浙江							福建				安徽
		柘林水库	江口水库	洪门水库	白云山水库	陡水水库	黄石水库	凤滩水库	柘溪水库	水府庙水库	双牌水库	欧阳海水库	新安江水库	富春江水库	陈蔡水库	横锦水库	皎口水库	长潭水库	紧水滩水库	古田水库	东张水库	东圳水库	山美水库	陈村水库
光滑狭口螺	*Stenothyra glabra*													+										
大沼螺	*Parafossarulus eximius*							+																
纹沼螺	*Parafossarulus striatulus*	+							+					+										
长角涵螺	*Alocinma longicornis*	+	+						+	+				+										
槲豆螺	*Bithynia misella*							+																
光瓶螺	*Pila polita*													+										
椭圆萝卜螺	*Radix swinhoei*							+		+				+										
甲壳纲	**Crustacea**																							
中华齿米虾	*Neocaridina denticulata sinensis*	+						+			+	+		+		+				+	+			
秀丽白虾	*Exopalaemon modestus*								+					+							+			
日本沼虾	*Macrobrachium nipponense*	+							+	+	+	+								+	+			
昆虫纲	**Insecta**																							
大蚊科	Tipulidae sp.							+																
羽摇蚊	*Chironomus plumosus*	+					+				+					+	+	+		+	+			+
隐摇蚊属	*Cryptochironomus* sp.																+							
浅绿二叉摇蚊	*Dicrotendipes pelochloris*																				+			
浅白雕翅摇蚊	*Glyptotendipes pallens*						+					+			+	+								+
多巴小摇蚊	*Microchironomus tabarui*	+																		+				+
软狭小摇蚊	*Microchironomus tener*																	+			+			

续表

中文名	拉丁名	江西					湖南						浙江							福建				安徽
		柘林水库	江口水库	洪门水库	白云山水库	陡水水库	黄石水库	凤滩水库	柘溪水库	水府庙水库	双牌水库	欧阳海水库	新安江水库	富春江水库	陈蔡水库	横锦水库	皎口水库	长潭水库	紧水滩水库	古田水库	东张水库	东圳水库	山美水库	陈村水库
梯形多足摇蚊	*Ploypedilum scalaenum*		+				+								+	+		+		+	+			
霞甫多足摇蚊	*Polypedilum convexum Johannsen*																		+					
马速达多足摇蚊	*Polypedilum masudai*		+								+									+	+			
前突摇蚊属	*Procladius* sp.						+	+									+	+	+	+	+		+	+
红裸须摇蚊	*Propsilocerus akamusi*			+							+													
五柄流长跗摇蚊	*Rheotanytarsus pentapoda*																	+						
多齿齿斑摇蚊	*Stictochironomus multannulatus*																							+
中国长足摇蚊	*Tanypus chinensis*		+		+						+						+	+						+
斑蟌属	*Pseudagrion* sp.													+										

注：+表示检出。